P＆G式
「勝つために戦う」戦略

目次

序論

戦略の本当の働き

第1章

戦略とは選択である

第2章

勝利とは何か

第3章

どこで戦うか（戦場）

第6章 管理システム

第7章

戦略を考え抜く

第8章 勝機を高める

Ｐ＆Ｇ式
「勝つために戦う」戦略

本書は我が友人であり師である
ピーター・ドラッカー（1909年～2005年）に
感化されて生まれた。

PLAYING TO WIN:
How Strategy Really Works
by A.G. Lafley and Roger L. Martin

Published by arrangement with Harvard Business Review Press, Massachusetts
through Tuttle-Mori Agency, Inc., Tokyo

Book Design
遠藤陽一
（デザインワークショップジン）

序論

戦略の本当の働き

本書は、CEO（最高経営責任者）とビジネススクールの学部長による戦略をめぐる共著である。だが今から二〇年以上も前にP&G（プロクター・アンド・ギャンブル）の流通チャネル（経路）調査で出会った二人は、まだいずれもそんな肩書ではなく、片や洗剤事業のカテゴリーマネジャー、片やモニター・カンパニーという新進の戦略コンサルティング会社のコンサルタントだった。その仕事をきっかけに、私たちはとても生産的な、そして長きにわたる友情を育み始めた。それぞれP&GのCEOとロットマン・スクール・オブ・マネジメントの学部長になった時には、戦略をめぐる真の思考パートナーとなっており、二〇〇〇年から二〇〇九年までP&Gの改革に熱心に取り組んだ。本書はその改革、そしてそれを形作った戦略へのアプローチをめぐる物語である（変革についての詳細は、補遺Aを参照）。

このアプローチは、モニター・カンパニーの戦略論から芽生え、後にP&Gの標準的な方法になった。互いの職業生活を通じて、私たちは戦略的アプローチをめぐる枠組み、コンセプトを伝える方法、それを組織に根付かせる方法論を開発していった。モニター側では、マイケル・ポーター、マーク・フラー、サンドラ・ポシャースキー、ジョナサン・グッドマンがこの考えの発展に重要な役割を担った。P&G側では、トム・ラッコ、スティーブ・ドノバン、クレイト・ダレイ、ジル・クロイド他多くの管理職が大きな貢献をしてくれたおかげで、社の戦略として磨きをかけることができた（彼らの貢献については、本文中でも触れられている）。マイケル・ポーターに加え、ピーター・ドラッカーやクリス・アージリスのような学究が、私たちの思考や仕事に大きな影響を及ぼした。

究極的に、これは選択の物語であり、それには社内に秩序立った戦略的思考を生み出し戦略を実践するという選択も含まれている。ここでは主にP&Gを例にするが、だからといって、これがグローバルな消費者製品会社にのみ有効であるわけではない。これまで様々な業種業態、そして規模の組織で大いに活用されてきたし、それには新興企業、非営利団体、そして官公庁なども含まれている。だが私たちがこのアプローチを様々な事業、地域、そして職能にわたって一〇年以上も有効に活用し得たのは——そしてその効果と限界を見届けたのは——P&Gにおいてである。だから私たちは、この物語を綴《つづ》ることにした。P&Gのブランド、カテゴリー、セクター、職能、そして関連企業などを例に、本書では戦略のコンセプトとツールを描く。もちろん、全ての会社がP&Gのようであるわけではない。だがP&Gの様々な事業や組織、役職をめぐる例を通じて、あなたの組織のための教訓が明らかになればと願う。

戦略とは何か?

戦略は、割合に新しい分野である。前世紀の中頃まで、今では総じて戦略と考えていることの大半は、単にマネジメントに含まれていた。だから、多くの組織が戦略の定義や、有効な戦略の立て方に手を焼いているのは無理もない。戦略のこれという定義が広く認められているわけではなく、その立て方をめぐるコンセンサス（合意）はさらに乏しい。成功した戦略はどことなく魔術のようで、予《あらかじ》め知ることも理解することもできないが、振り返れば明らかなものと思われている。

だが、そうではない。戦略のあり様とは、市場で勝つための具体的な選択に関わっている。恐らくこれまで書かれた戦略論で最も世評の高い『競争の戦略』(ダイヤモンド社)の著者マイケル・ポーターによれば、競争相手に対して持続可能な競争優位性を作り出す企業は、「独自の価値を提供するために一連の活動を意識的に選んでいる」[(1)]。それゆえ戦略は、何をし、また何をしないかについての明確な選択を必要とするし、こうした選択を核にして事業を組み立てるということだ[(2)]。手短に言えば、戦略とは選択である。もう少し具体的に言えば、**戦略とはある企業を業界において独自のポジションに位置付け、それによって、競争相手に対して、持続可能な優位性やより優れた価値を生み出すもの、**ということである。

選択をするのは苦しいし、他の必要とうまく折り合いがつくとも限らない。明確で、選《え》り抜かれた、敢然とした勝利の戦略を持っている企業は少な過ぎると思う。特にCEOは、本当に重要なことではなく、目先の急に追われていることがあまりにも多い。行動重視の組織の場合、えてして思考は二の次になる。多くのリーダーたちは、有効な戦略を立てる代わりに、次の悪手の一つを取ろうとする。

①戦略をビジョンと定義する。ミッション・ステートメントやビジョン・ステートメントは戦略要素の一つだが、それが全てではない。それでは生産的な行動の導きにはならないし、望ましい将来像を描く明確な地図にもならない。そこには事業の取捨選択がない。持続可能な競争優位性や価値創造の

材料に焦点を当てていない。

②戦略を計画と定義する。計画と戦術はいずれも戦略の要素だが、これもそれだけでは不十分だ。いつ何をするかについての詳細な計画を立てたからといって、持続可能な競争優位性が強まるわけではない。

③長期的な（中期的でさえ）戦略が可能であることを否定してしまう。中には、世の中は急速に変わっているのだから、予め戦略を立てることなどできず、機会や脅威が現れるたびに対処するべきだというリーダーがいる。瞬発的戦略は多くのＩＴ（情報技術）企業や新興企業でスローガンとされ、彼らは実際、変化の激しい市場に直面している。残念ながら、こうしたやり方は企業をより受動的にしてしまい、より戦略性あるライバルの好餌《こうじ》にしてしまう。変化の激しい環境でも有効な戦略は立てられるどころか、むしろ競争優位性や大きな価値創造の源泉になり得るものだ。アップル、グーグル、マイクロソフトが戦略を避けているわけでもない。

④戦略を、旧来の方法の改善と定義する。ほとんどのリーダーは、既にやっている仕事を改善しようとする。これによって効率性が生まれ、いくらか価値が高まることはある。だがこれは戦略ではない。それでは誤った仕事に資産や資源を消耗してしまう一方で、もっと戦略的な競争相手がそんな仕事を避けるという現実的な大きな危険に対処できない。古い航空会社が（拠点から多数の都市へつなぐハブ＆スポーク方式による運航の改善に取り組んでいた一方で、サウスウエスト航空が新たな（都市と都市を直接結ぶ）ポイント・トゥ・ポイント航路によるビジネスモデルによって革新をもたらした

ことを考えてみてほしい。ビジネスに改善が存在する余地はあるが、それが戦略というわけではない。

⑤戦略を、一連のベスト・プラクティスと定義する。どんな産業にも、広く用いられているツールややり方がある。組織によっては、戦略とは競争相手とのベンチマーキング（比較分析）をして、同じ諸活動をより効率良くやることだと定義付けている。だが同じであることは戦略ではない。それは凡庸へのレシピだ。

こうした悪手は、戦略の本質を見誤り、苦しい選択にしり込みすることによって、さらに悪くなる。明確な選択によって可能性を限定してしまうより、できるだけ多くの選択肢を持っておきたいのは自然なことだ。だが勝てるのは、選択をし、それに基づいて行動した時のみだ。確かに、明確かつ厳しい選択をすることは、何らかの行動を駆り立て、道筋を狭める。だが同時に、本当に重要なことに集中できる自由ももたらすのである。

本当に重要なことは、勝つことである。偉大な組織――企業であれ、非営利団体であれ、政治団体であれ、官公庁であれ――は、漫然とプレーするのではなく、勝利を選択している。メイヨー・クリニック（ミネソタ州にある一流病院）と近所の平均的な治験病院とは、どこが違うのだろう？　近所の病院は恐らく、サービスを提供し、地域に貢献することに力を入れているだろう。一方、メイヨー・クリニックは、医療の世界に革新をもたらし、医学研究の先兵となり、勝つことを目的としている。そしてそれらを実現しているのだ。

プレーブック：五つの選択、一つの枠組み、一つのプロセス

戦略の核心は勝利であるべきだ。私たちの表現によれば、**戦略とは調和し統合された五つの選択である。勝利のアスピレーション（憧れ）、戦場選択、戦法選択、中核的能力、そして経営システムである。**第1章では、これら五つの重要な選択を戦略的質問として導入する。第2章から第6章までの各章では、個々の選択を掘り下げて論じ、選択の下し方の性質を説明し、その選択の様々な例を挙げ、あなた自身の選択をするためのいくらかの助言をする。この五つの選択は**戦略的選択カスケード（滝）**を構成する。私たちの戦略が効果を発揮する基盤となり、本書の核となるものだ。

だが戦略について考え抜くためには、このカスケードだけでは足りない。第7章では、別のツールを紹介する。**戦略的論理フロー**である。これは、あなたの思考を鍵となる分析へと導き、そこから戦略的選択が生まれる。次に第8章では、相容《あいい》れない戦略的選択肢に折り合いをつける具体的な方法論を提供する。これはリバース・エンジニアリングと呼ばれるプロセスで、パートナーと協力して戦略的選択をするというものだ。これら――五つの選択、一つの枠組み、そして一つのプロセス――が一緒になって、どんな組織にも通用する戦略の組み立てのプレーブック（兵法）を構成している。

私たちの執筆意図は、あなたにも自分で戦略が立てられるようになってもらうことだ。ここで提供するコンセプト、プロセス、そして実務的なツールを利用して、あなたは会社、職能、組織の勝利の

くれるのだ。

戦略を生み出さなければならない。この戦略があなたによりいっそうの競争力をもたらし、勝たせて

世界には、戦略を理解し、自社のためにその戦略プロセスを率いることができるリーダーがもっとたくさん必要だ。それには、業種や官民の別、業種の如何《いかん》を問わずあらゆる階層の戦略的能力を改善しなければならない。戦略は明確にできるし、むしろ概念としては単純で直接的なものだ。だが、そのためには明瞭にしっかりと考え抜き、真の創造性、勇気、リーダーシップが必要だ。そしてそれは、できないことではない。

第1章

戦略とは選択である

一九九〇年代後半、P&G（プロクター・アンド・ギャンブル）はスキンケア分野で明確な勝利を切望していた。スキンケアは、美容産業全体（せっけん、洗顔料、美容液、ローションその他）の四分の一を占め、高収益をもたらす可能性を秘めていた。成功すればヘアケア、化粧品、そして香水など他の美容カテゴリー並みの強い消費者ロイヤルティ（忠誠心）が得られる。[1] さらに、スキンケア分野で得た技術や消費者知見は、他分野に十分に応用できる。P&Gが美容産業で地歩を固めるにはヘアケアとスキンケアのトップブランドが必要だったが、スキンケアが泣きどころだった。特にオイル・オブ・オレイは苦戦していた。P&Gには他にもスキンケア・ブランドはあったが、これが圧倒的な大型ブランドで知名度も高かった。

残念ながら、このブランドは古臭く、ぱっとしないと思われていた。「オイル・オブ・オールドレディ」などと揶揄《やゆ》されるのも、あながち的外れでもなかった。顧客層は、年々、高齢化するばかりだったからだ。スキンケア商品を選ぶ女性たちは、他のもっと魅力的なブランドに流れていた。オイル・オブ・オレイの中核商品（シンプルなプラスチック容器入りのピンクのクリーム）は、ドラッグストアを中心に三・九九ドルの目玉価格で売られ、それでも伸長著しいスキンケア分野で満足に戦えずにいた。一九九〇年代後半、このブランドの売り上げは年額八億ドルを割り込み、五〇〇億ドル規模のスキンケア・カテゴリーのリーダーにはほど遠かった。

こうした事情が、困難な戦略的選択と、様々な対応策の選択肢を生んでいた。オイル・オブ・オレイには手をつけず、新世代の消費者向けに新ブランドを開発する手もあった。だがスキンケア・ブランドをゼロから作り、トップブランド級まで持っていくには何年も、いや何十年もかかりかねなかった。もっと手っ取り早く、エスティーローダーのクリニークやニベア等の既存の強いスキンケア・ブランドを買収し、より手堅く競争する手もあった。だが買収は高価で投機的である。さらに、それまでの一〇年間、P&Gはいくつかの買収案件に乗り出したあげく成功していなかった。自社の強い美容ブランド、例えばカバーガール等をスキンケア・カテゴリーに拡大展開する手もあった。だがこれもばくちである。強い化粧品ブランドでさえ、スキンケア市場で根付かせるのは大変だ。そこで結局、P&Gは衰えているがいまだ価値を失ってはいないオイル・オブ・オレイで、新たなセグメント（区分）で競争する道を選んだ。しかしこれはブランド・イメージを一新することを意味する。成功する保証もない大きな投資だった。だが、特に正しい後押しをしてやれば、まだ可能性はありそうだった。

救いは、オイル・オブ・オレイには高い消費者認知度が残っていたことだった。優秀なマーケターなら誰でも、試用には認知が先立つことを知っている。当時オイル・オブ・オレイの北米担当ブランドマネジャーだったマイケル・クレムスキーは、状況をこう総括している。「まだ可能性は十分に残っていました。しかし計画は全くありませんでした[2]」。担当チームは可能性を計画に変えたいと思っていた。オイル・オブ・オレイのブランド、ビジネスモデル、パッケージと製品そのもの、価値提案、名前までを作りかえる計画である。こうしてこのブランドは、「オイル・オブ」を外し、「オレイ[3]」として再出発することになった。

オレイ再生

当時、美容製品のグローバル社長だったスーザン・アーノルドと共に、私たちは美容産業において確固たる一角を占められるよう、中・長期的戦略づくりに取り組んだ。美容産業では、カテゴリーを横断して勝てることがあることはわかっていた。だからP&Gは、SK-II（日本の超高額スキンケア・ブランド。一九九一年にマックス・ファクターを買収した時に手に入れた）、カバーガール（P&Gを代表する化粧品ブランド）、パンテーン（自社最大のシャンプーとコンディショナーのブランド）、ヘッド&ショルダーズ（自社最大のふけ取りシャンプー）、ハーバル・エッセンス（若者向けヘアケアブランド）等に投資していた。ウエラとクレイロールも買収し、ヘア・スタイリングと毛染めのカテゴリーに地歩を築き、スキンケア分野の大手になるため買収を重ねていた。一方、オレイはテコ入れに取り掛かった。

当時スキンケア事業のゼネラルマネジャーだったジナ・ドロソスが率いるチームは、手始めに消費者や競争相手についての調査をした。その結果、オレイの既存顧客は、予想通り、価格に敏感で、スキンケアに最低限しか投資しない層であることが確認された。業界の常識では、最も魅力のある顧客層は五〇歳以上の女性で、しわと戦っている人々だった。効果のありそうな製品には多額のプレミアム（上乗せ）価格を払う層で、強いブランドはみなここに焦点を当てていた。だが、とドロソスは振り返る。「消費者調査で浮き彫りなったのは、本当に伸びしろがあるのは、三五歳以上の女性層であることでした。初めてほうれい線やしわに気付き始めた人々です。それまで多くの女性たちは、ハンド・ローションやボディ・ローションを顔にも使うか、あるいは全く何もしないかでした」[4]。この三〇代半ばの層は、女性のスキンケア市場へのエントリー・ポイント（顧客として市場に入ってくる年齢層）として可能性があった。この年齢になると、消費者はクレンジング、トーニング（肌のきめの整え）、そしてモイスチャライジング、日中用クリーム、夜間用クリーム、週ごとのフェイシャル管理、その他のケアによるレジメン（処方計画）に関心を深め、熱心に取り組み、若々しく健康な肌を維持しようとする。この年代層に入ると、女性たちはスキンケアに関心を深め、品質や新機能に財布を緩める気になるのである。ひいきのブランドを日常的に探し求め、そのブランドの新商品も試してみる忠誠なファンになる。彼女たちこそオレイに必要な消費者だったが、この層に切り込むには、本腰を入れて取り組まなければならなかった。

伝統的に美容産業では、まず百貨店ブランドが新機能を導入して新製品や改良商品を出し、やがてそうした機能が大衆市場にもトリクルダウンする。だがP&Gには巨大な販売規模、流通コストの低さ、そして強大な社内開発機能があったため、市場の中間価格帯から新機能を導入することができた。「私たちには、最高の商品はトリクルダウンするものだという業界のパラダイム（枠組み）をひっくり返す力がありました」とドロソスは言う。「オレイから最高の技術を導入できたのです」、P&Gの研究者たちは、より優れた、より効果的な原材料の調達と開発に取り組み始め、既存製品よりも劇的に効果の高いスキンケア製品の開発に取り組んだ。そしてしわ対策以外にも製品の価値提案を広げた。調査の結果、しわは様々な悩みごとの一つに過ぎないことがわかった。オレイのR&D（研究開発）担当副社長ジョー・リストロは言う。「他にも乾燥肌、加齢による染み、肌のきめの不均一さ等の悩みがありました。消費者は『私たちにはこうした他のニーズがあるのよ』と叫んでいたのです。そこではっきりとわかる効果を求めて皮膚生物学の技術に取り組みました。こうしてビタ・ナイアシンという成分のコンビネーションを見いだしました。これは先述の様々な肌の悩みにはっきりとわかる効果をもたらすものです」[5]。オレイは、アンチエイジング（抗加齢）製品の効果の再定義に取り組んだ。それが、一九九九年のオレイ・トータル・エフェクツに始まる、消費者目線と、様々な老化の兆候と戦うより優れた有効成分の組み合わせによる一連の製品群に実を結んだ。これらの製品は、消費者のスキンケア・パフォーマンスを大幅に向上するものだった。

この効果の高い新製品は、市場の半分以上を占めるメイシーズやサックス等の**プレステージ（高級）・チャネル（経路）**と呼ばれる一流百貨店でも優に売れるものだった。だがオレイは伝統的に、ドラッグストアやディスカウント店などの量販チャネルで売られていた。こうした量販大手、例えばウォルグリーン、ターゲット、ウォルマートなどは、様々なカテゴリーでP&Gにとって最大の得意先だった。一方で、百貨店についてはいくつかの商品しか納めておらず、ほとんど経験も影響力も持っていなかった。P&Gの強みを生かして戦うには量販ルートに留《とど》まることが得策だったが、そのためには百貨店顧客を量販店に誘引しなければならなかった。量販市場にオレイを投入して勝つには、量販市場とプレステージ市場に橋をかけなければならず、これは後にマスステージ・カテゴリーと呼ばれるようになった。量販市場の美容ケア売り場のイメージを一新し、より高級でプレステージ性のある製品を従来の量販店で売る必要があった。量販市場とプレステージ市場の両方から顧客を集めなければならなかったのだ。製品改良だけでできることではない。ブランドに対する消費者の認識とチャネルを、ポジショニング、パッケージング（包装変更）、プライシング（価格設定）、そしてプロモーション（販促）によって変えなければならなかった。

第一に、新生オレイはより値段の高い製品と同じほど、いやそれ以上に優れているのだと、スキンケア意識の高い女性たちを説得しなければならなかった。手始めは、そうした高価なブランドと同じ雑誌やテレビ番組に広告出稿することだった。消費者に、オレイは高価なブランドと同じカテゴリーに属していると印象付けるためだ。広告では、オレイは「七つの老化の兆し」と戦う方法であると強調し、より優れた新しい原材料の効果を裏付けるために外部の専門家を動員した。ドロソスは説明する。「外部の専門家たちとの人脈づくりに取り組み、オピニオン・リーダーを選びました。一流の皮膚専門医の何人かを研究開発施設に招待し、研究成果を見てもらいました」。第三者機関による試験で、オレイ製品が数百ドルも高く売られている百貨店ブランドと同等以上の効果を発揮するとの結果も、消費者の費用対効果意識を変えた。突如、オレイは高品質な製品を手の届く価格で提供しているとみなされるようになったのだ。

また、それらしい装いも必要だった。パッケージでは高級感を演出しつつ、同時に製品の効能もうまく伝えなければならなかった。リストロが言う。「大半の量販商品、さらにはプレステージ商品でさえある程度は、スクイーズ・ボトル（練り出し式のチューブ）か既製の広口ビンで売られています。私たちは、粘度の高いクリームを優雅に、よりローション風に出せる容器を求めました。そこでクリームをポンプで出せるデザインにしたのです」。その結果は、店頭ではっきりと違いがわかり目立つ、だが同時に実際に使用する時には便利な容器だった。

次の要素はプライシングだった。伝統的にオレイ製品は、大半のドラッグストア・ブランドの例に漏れず、八ドル以下の価格帯で売られていた（対照的に百貨店ブランドは、二五ドルから四〇〇ドル以上もの価格帯である）。ドロソスが言うように、スキンケアについての通念は、「中身は値段相応というものでした。女性たちは、ドラッグストアで手に入る製品は安かろう悪かろうと思っていました」。オレイの広告とパッケージは、百貨店ブランドと比肩し得る高品質と高機能を謳《うた》っていた。プライシングは、絶妙の頃合いを狙う必要があった。量販消費者を退けるほど高くはないが、プレステージ消費者が（外部の専門家が何を言おうが）効果を疑うほど安過ぎてもいけない。

リストロはオレイ・トータル・エフェクツの販売価格を決めた調査を振り返る。「オレイの新ラインを一二・九九ドルから一八・九九ドルまでのプレミアム価格帯で試験したところ、結果には大きな幅がありました」。一二・九九ドルは好評で、そこそこ高い購買意欲率（将来、この商品をこの価格で買ってみたいと返答した被験者の率）が得られた。だが一二・九九ドルで購買意欲を示した被験者の大半は量販顧客層だった。百貨店の購買顧客層は、この価格ポイントではほとんど購入意欲を示さなかった。リストロは言う。「要は、量販店内で顧客層をより上級価格帯にシフトすることになります」。結構なことだが、十分な結果でもない。一五・九九ドルでは、購買意欲率は大きく下がった。だが一八・九九ドルでは、購買意欲率は大幅に回復した。「つまり、一二・九九ドルはまあ結構、一五・九九ドルはあまり感心しない、一八・九九ドルは言うことなし、ということでした。一八・九九ドルで、いずれのチャネルからも顧客を集められ始めることがわかりました。一八・九九ドルなら、これまでプレステージ・チャネルで三〇ドル以上も高い商品を買っていた客にとっては、大変なお値打ち品に見えました」。この一八・九九ドルという価格は、クリニークよりも少し、エスティーローダーよりは大幅に安かった。プレステージ顧客層にとっては、とてもお値打ちだが、信用できないほど安過ぎるわけでもなかった。量販顧客層にとっては、この商品はプレミアム価格を払うだけの値打ちのある、優れた製品に感じられた。リストロは言う。「でも、一五・九九ドルは不毛の地でした。量販顧客にとっては高過ぎるし、プレステージ顧客層にとっては効能が信用できないほど安いのです」。だから、上級経営層の強い後押しを受けて、オレイ・トータル・エフェクツは一八・九九ドルに価格を大きく引き上げた。それから担当チームはこの製造者推奨価格を守るよう小売店の説得に力を入れた。

勢いがつき始めたところに、さらに高額のプレミアム・ブランドを、さらに効果の高い有効成分を配合して売り出し、追い打ちをかけた。オレイ・リジェネリストである。次にオレイ・ディフィニティを売り出し、その後にはさらに高いプレミアム・ブランドのオレイ・プロXを導入した。これは販売価格五〇ドルと、一〇年前には想像もつかないものだった。チームは新たな戦略を取り巻いて力を蓄え、深めていった。一九九〇年代を通じて大半の年、P&Gのスキンケア事業は年率二%から四%の割合で伸びていた。二〇〇〇年のリローンチ（再始動）以降は、オレイは一〇年にわたって、売り上げも利益も年率二桁の勢いで伸びていった。こうして、非常に高収益で、市場の最も魅力的な一角で消費者の心をしっかりと捉える二五億ドルブランドに育った。

戦略とは何か（また、何ではないのか）？

オレイは、多くの企業が苦しむ戦略的問題を抱えていた。低迷するブランド、消費者のエイジング（加齢）、競争力のない商品、強い競争相手、そして誤った方向性などである。では、非常に多くの商品やブランドが失敗する市場で、オレイはなぜ華々しい成功を収めることができたのか？　オレイ関係者は、仕事への取り組み、決意、大胆さ、運などの点で、他の人々と変わるところはなかった。だが彼らは、戦略を明快かつ明確に定義しており、そのおかげで各人が明確かつ難しい選択を下すことができた。それが違いを生んだのだ。

戦略は謎めいても見えるが、実はすんなりと定義できる。それは勝つための一連の選択である。もう一度言う。一貫性ある選択の積み重ねが、業界内の独特のポジションと競争相手への持続的な優位性、より優れた価値を持たせてくれるのだ。具体的には、戦略とは次の五つの相関する問いへの答えである。

図1-1　選択カスケードの統合

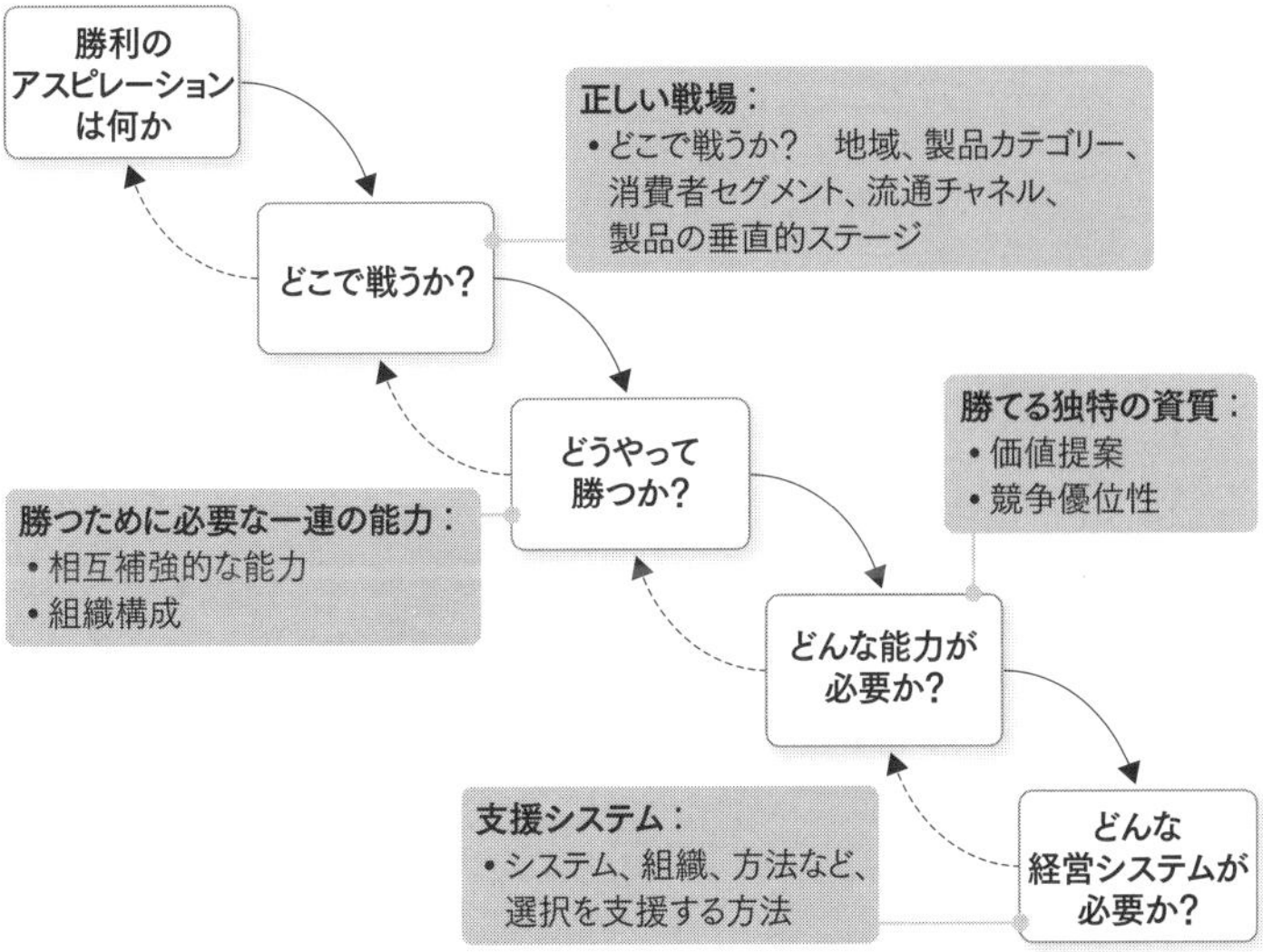

①どんな勝利を望んでいるのか？　組織の目的、動機となるアスピレーション（憧れ）。

②どこで戦うか？　アスピレーションを達成する戦場。

③どうやって勝つか？　選択した戦場で勝つための方法。

④どんな能力が必要か？　選択した勝つための方法を達成するために必要な一連の能力とその構成。

⑤どんな経営システムが必要か？　能力を実現し、選択を支援するシステムと手段。

こうした選択やそれらの関係は、補強し合うカスケード（滝）状と思えばいい（図1－1）。上位の滝が後続の選択の基調となり、下位の滝が上位の選択に影響して精度を高めていくのだ。

小さな組織の場合は、一連の選択カスケードだけで組織全体の用が足りることもある。だが大規模な組織になると、多段階的な選択と、関連し合うカスケード群を持つこともある。例えばP&Gでは、オレイやパンパースなど、ブランドごとに五つの明確な選択を示す戦略がある。さらに、スキンケアやおしめなど、関連する複数のブランドをカバーするカテゴリー戦略もある。また、美容やベビーケアなど、複数のカテゴリーをカバーするセクター戦略もある。そして最後に、全社段階での戦略もあるのである。それぞれの戦略が、上位下位の戦略との間で、影響を及ぼし合っている。例えば全社段階の戦場戦略はセクター段階での選択を導き、それが今度はカテゴリー段階やブランド段階での選択を導く。逆に、ブランド段階での戦略はカテゴリー段階での選択に影響し、すると今度はそれがセクターや全社段階での選択に影響を及ぼす。この結果、組織全体をカバーする繰り込み構造のカスケードができ上がる（図1－2）。

カスケードが繰り込み構造になっているとは、組織のあらゆる段階で選択がなされていることを意味する。ヨガ用のアパレルを企画製造販売している会社を考えてみよう。同社は愛用者を育成し、世の中を変え、それを通じて金を稼ぎたいと願っている。直営店展開を選択し、女性用運動着を戦場として選択する。売り物は性能とスタイルにする。技術（フィット性、しなやかさ、着心地、速乾性などの点で）と圧倒的なかっこよさの両面で優れたヨガ用品を開発する。店内の商品は高頻度で入れ替え、限定性を演出する。商品知識の深い店員を揃《そろ》えて顧客を店に引きつける。勝つために必要な様々な能力を規定する。例えば、商品や店舗のデザイン、顧客サービス、そしてサプライチェーン（供給

図1-2　選択カスケードの繰り込み構造

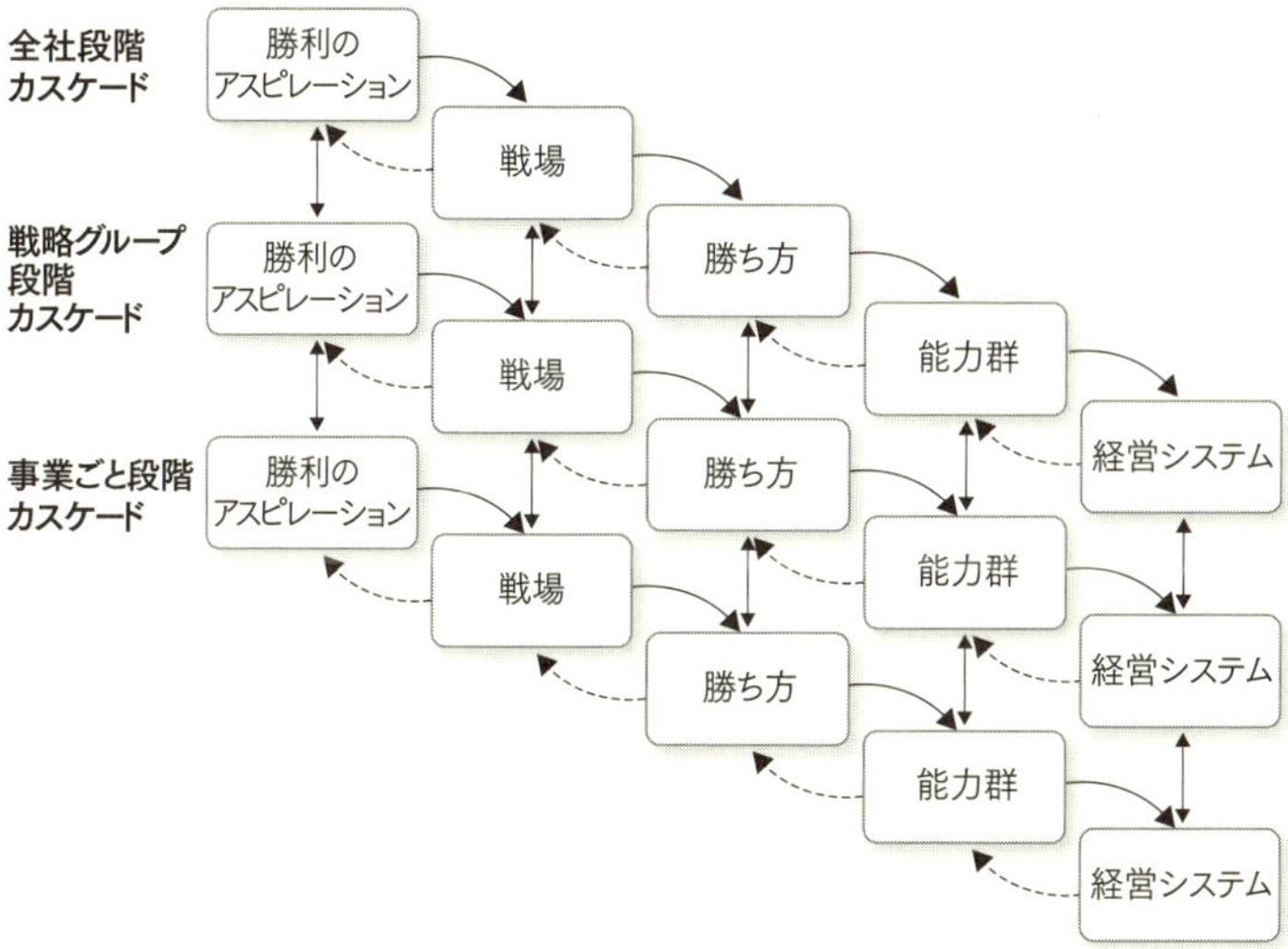

網）の能力などだ。調達やデザイン過程、スタッフの研修、ロジスティクス（物流システム）管理などの経営システムを備える。これらのいずれの選択も、組織のトップが下している。

こうした選択は、組織内の随所に次々と選択を生む。製品チームはアパレルだけに留まるべきか、それともアクセサリーも展開するか？　メンズウェアもやるべきか？　小売業務については、現実店舗にこだわるか、それともオンラインにも進出すべきか？　小売りについては、一店舗にこだわるべきか、それとも多店舗を展開して様々な地域や顧客層に応じるか？　店舗内では、顧客にどうやって奉仕するか？　社内の各段階で、独自の戦略的カスケードを持たなければならないのだ。

例えばマンハッタン店のある店員は、店で一番になること、そしてサービスで感動させて顧客を得ることを勝利のアスピレーションと規定している。日々の販売額に加え、常連客や同僚からの反応などからも、彼女は成功しつつあることを自覚する。戦場についてはおおむね来店客次第だが、顧客のタイプ、時間帯、また店内で自分が最も得意とする場所は自覚しており、それらに注意を払う。勝利の方法については、当惑している初心者へのアプローチ(服装についてだけではなく、ヨガの始め方についてもアドバイスし、じきに慣れると請け合ってやる)、マニアに対するそれ(製品の技術的特徴を強調すると同時に教室やインストラクターについても情報交換)、またファッション感度が高く普段着にヨガ・パンツを求める層にも臨機応変に対応する(新着商品を紹介し、独特の色合いやデザインを見せる)。彼女は自らの能力を、明確なコミュニケーション、技術的特徴の理解、また様々なヨガのポーズの練習によって開発することを選択する。製品やスタイルについてのアンチョコや、地元の教室やインストラクターのリストを作るなどの独自の管理システムも開発する。

こうした前線での選択は、CEO(最高経営責任者)が直面している選択ほど複雑には見えないかもしれないが、実際これらは戦略的選択である。優秀な店員は、CEOと同じく、制約や不確実性の下で最善の選択をしなければならない。彼女の制約の原因は、経営陣や上司による選択、顧客からの要求、そして競争相手の戦略などだ。CEOにとっては、資本市場による期待、社の手持ち資金、そして役員会の支持などである。店員とCEOのいずれも、戦略的な選択をし、それに基づいて行動する。違いは選択の規模と制約の質だけである。

戦略は、組織のあらゆる段階で、選択カスケードの枠組みを使って生み出され、調整され得る。各戦略カスケードのいずれも、後続の章の主題になるが、ひとまずブランド段階ではオレイ、全社段階ではP&Gを例に、ひとくさり説明しよう。

勝利のアスピレーション

第一の問い――どんな勝利を望んでいるのか？――は、他の全ての選択の枠組みをもたらす。企業は、任意の場所で任意の勝ち方による勝利を模索しなければならない。さもなければ、関係者の時間と投資家の資本の無駄である。しかし有用だが抽象的でもある勝利というコンセプトは、アスピレーションとしてしっかりと定義されなければならない。プロセスの後工程では、こうしたアスピレーションの達成度をベンチマーク（基準）として測定する。

オレイの勝利のアスピレーションの定義は、北米で市場シェアトップ、一〇億ドルの売り上げ、そして世界的にもトップブランドの一角を占めることだった。製品改良によって生まれ変わった新生オレイは、スキンケアを美容カテゴリーにおけるヘアケアと並ぶ柱にすることを期待されていた。そして三番目のアスピレーションは、量販とプレステージの中間に位置するマスステージ市場でリーダーの位置を確立し、維持することだった。こうしたアスピレーション群が、どこでどう戦うかを選ぶ出発点となり、より大きな目的を定めたのである。勝利のアスピレーションを明確にすることで、ブランド、カテゴリー、セクター、そして全社の各段階で、理想を達成する方法が明らかになった。

全社段階の勝利とは、強い付加価値提供型のブランドを、競争の場として選んだ全てのカテゴリーと産業で提供することである（換言すれば、P&Gが参入する全てのカテゴリーでトップになることだ）。このアスピレーションが、持続可能な競争優位性、優越的な価値、そしてより優れた金銭的リターンを生み出す。当時のP&Gの目的規定にいわく「私たちは、世界中の消費者の生活を改善する優れた品質と価値の製品やサービスを提供する。その結果、消費者は当社に、最大級の売り上げ、利益と価値創造で報いてくれ、当社社員、株主、そして私たちが生活し働くコミュニティを繁栄させてくれる」。つまり消費者の生活を改善することによって、最大級の売り上げ、利益、市場価値創造を可能にすることが、社の最大のアスピレーションだった。

アスピレーションは、時の流れに従って調整され、改訂されることがある。しかし日常的に変わるものではない。社内の諸活動に沿って存在し、従ってしばらくは続くべきだ。勝利の定義が、他の戦略的選択の文脈を形作る。いずれの場合でも、選択は社のアスピレーションに沿い、それを支援するものであるべきだ。勝利のアスピレーションについては、第2章でさらに掘り下げる。

どこで戦うか（戦場選択）

続く二つの問いは、どこで戦うかと、どうやって戦うかだ。これら二つの選択は、互いに緊密に結びついており、戦略のまさに中核を成すもので、戦略立案上の最も重要な問いである。勝利のアスピレーションは、社の活動範囲を大胆に規定する。そして戦場と戦法の選択は、組織の具体的な活動を規定する。つまりアスピレーションを達成するために何を、どこで、どうやってするのか、である。

戦場とは、競争の場を絞り込む一連の選択を意味している。どの市場で？　どんな消費者をめぐって？　どんな流通チャネルで？　どんな商品カテゴリーで？　そして業界のどんな垂直的段階で？などである。この一連の問いが重要である。どんな会社も、全ての人にとっての全てのものにはなれず、だからどの戦場を選べば最も確実に勝てそうかを理解しなければならない。それは狭くも広くもできる。複数の人口動態的属性（一八歳から二四歳までの男性、中年の都会人、有職主婦など）や地域（地元、全国、世界的、先進国、ブラジルや中国のような新興国）を対象にすることもできる。複数のサービス、製品ライン、カテゴリーで競争することもできる。様々なチャネル（消費者直販、オンライン、量販店、食料品店、百貨店）で戦うこともできる。業界の上流、下流、あるいはそれらを統合した領域で戦うこともできる。こうした選択がなべて、社にとっての戦略的戦場を意味する。

オレイは二つの明確な戦場選択をした。小売産業をパートナーにして、量販店、ディスカウントストア、ドラッグストア、食料品店に、新たなマスステージ市場を作り出してプレステージ・ブランドと競争し、アンチエイジングのスキンケア商品への入り口という成長市場を切り開くことである。他にも様々な戦場の選択肢（例えばプレステージ・チャネルに入ること、百貨店や専門店で売ることなど）が考えられたが、オレイの戦場選択は、P&G全体の戦場選択や能力に沿っていなければならなかった。P&Gは総じて、消費者がこだわりを持ち、製品体験や効能を気にしている製品カテゴリーに強い。しっかりと確立したレジメンの一環として日常的に使用して、強い効能を約束するブランドに強みを持っていた。さらに最良の消費者層を持つことや、また共通の大きな価値を生み出せる小売店で売られるブランドも強みだった。だからオレイのチームは、P&Gの選択と能力を念頭に、どこで戦うかを選択した。

全社段階における戦場選択は、地域、カテゴリー、流通チャネル、消費者などの点で、P&Gが持続的な競争優位性を持てるところでなければならなかった。P&Gの能力が決定的な場所で戦い、そうではないところは避けなければならなかった。このコンセプトが戦場選択を導き、戦略的戦場を明確に規定する核になるのである。

我われは、P&Gの中核的強みを生かして勝てる場所で戦いたかった。どのブランドが本当に中核的ブランドなのか、業界やカテゴリーのはっきりしたリーダーであるブランド群を明らかにし、それらに優先して資源を配分した。またP&Gの中核的地域を探った。利益の八五%は上位一〇カ国で稼いでいるため、これらの国で勝つことに集中しなければならなかった。消費者がP&G商品やブランドを売っていると考える場所は量販店でありディスカウント店、ドラッグストア、食料品店だった。技術革新にも核が必要だった。各種事業で横断的に重要な技術を選び出し、それらに優先して取り組んだ。純粋な発明志向から戦略的な核となる技術開発へのシフトが必要だった。さらに消費者についても核を定め、最も重要で魅力的な消費者層のセグメントを狙った。こうした中核こそ、戦場選択において何より大切だ。中核的なブランド、地域、流通チャネル、技術、そして消費者層を選び、成長の基盤にするのだ。

二番目の戦場選択は、P&Gの中核を人口動態的に有利で構造的により魅力的なカテゴリーに展開することだった。例えば、衣料品からホームケアへ、ヘアケアからヘアカラーやスタイリングへ、さらにはもっと広い美容、健康、パーソナルケアへと中核を展開していくことである。

三番目の戦場選択は、新興市場への展開だった。新生児が最も数多く生まれ、世帯が形成されつつあるのは、新興市場においてである。こうした市場の経済成長率は、OECD（経済協力開発機構）に属する先進国市場の四倍にも達する。問題は、P&Gがいくつの市場を、どんな優先順位で取れるかだ。社は中国、メキシコ、ロシアから始め、やがてブラジル、インド他へと展開していった。かつてグルーミング商品のグローバル担当で現リーバイ・ストラウスのCEOであるチップ・バージは記している。「二〇〇〇年、P&G全体では新興市場で約二〇％の売り上げを得ていました。一方でユニリーバとコルゲートは既に四〇％近くを稼いでいました。我われはプレミアム価格製品の会社として、製品の優越性を追求するのが常でした。ほとんど全てのカテゴリーで、プレミアム層で競争する傾向がありました[6]」。バージは、発展途上国で競争するには、方向性を変える必要があったという。「我われはポートフォリオ（構成）を拡大し、より競争力のある価値提案を開発する必要に迫られていました。それには、こうした新興市場に本腰を入れるためのコスト構造改革も必要でした。インドには一〇億もの消費者がいます。我われはその一〇％にリーチ（到達）しようとしていました」。

新興市場は重要な戦場選択だが、全ての新興市場を同時に攻めるわけではない。中国とロシアは、国内市場が全参入者に同時に開放されている点で、他にない機会を提供していた。P&Gはまずこれらの国に集中し、強く戦略的で優越的なポジションを確立した。そして次にどの新興市場をどんな製品やカテゴリーで狙うかを慎重に考えていた。例えばアジアのベビーケア市場は、非常に理に適《かな》っていた。見通し得る将来、世界の大半の新生児はアジアで生まれるからだ。洗剤や美容品も、ブランド価値、規模、消費者の好みなどの点で、新興市場向きだった。だからP&Gは、これら三つのカテゴリーでアジア市場参入を試み、それを果たした。二〇一一年、全社の総売り上げの三五%は発展途上国で得ている。

まとめれば、全社段階においては、三つの重要な戦場選択があった。

- 中核的事業で成長し、中核的消費者層、流通チャネル、消費者、地域、ブランド、そして製品技術に集中する。
- 洗剤とホームケアでの優位性を伸ばし、人口動態的に最も有利で構造的に魅力的な美容品やパーソナルケア・カテゴリーで市場の優越的立場を得る。
- 人口動態的に有利で、社にとって優先すべき戦略的市場である新興市場で強い地歩を築く。

第3章では、「どこで戦うか」について詳述する。戦場を決める様々な方法を明かし、バウンティやタイドなどのブランドを例に教訓を学ぶ。

どうやって勝つか(戦法)

「どこで戦うか」によって、戦場が決まった。「どうやって勝つか」は、その戦場で勝つための方法を選択するものだ。これによって、選択したセグメント、カテゴリー、流通チャネル、地域などでの成功が得られるのだ。戦法選択は、戦場選択と緊密に結びついている。戦法選択は一般論ではなく、戦場選択に呼応している。

戦場と戦法は、連続的かつ緊密に結びついているべきだ。オリーブ・ガーデンとマリオ・バタリという対照的な大手レストラン・チェーンを考えてみよう。いずれもイタリア料理を専門にして、複数の地域で成功している。だが戦法については、非常に異なった選択をしている。

オリーブ・ガーデンは中間価格帯のカジュアル・ダイニングのチェーンで、世界中で七〇〇店以上を展開する大規模店である。そのため同社の戦い方は、平均的な客のニーズを満たし、何千人もの従業員を雇って様々な味わいの料理を安定的に同じ水準で作り続けることに関わっている。一方、マリオ・バタリは、超高級な美食の場で最高級店として競争し、わずか数店――ニューヨーク、ラスベガス、ロサンゼルス、シンガポール――しか展開していない。勝利をつかむ方法は、革新的でエキサイティングなレシピを開発し、最高の素材を調達し、第一級の、顧客の好みに合わせたサービスを提供し、オーナーと顧客――女優のグウィネス・パルトローなどが常連だ――の名声を分かち合うことによっている。
いずれも「どこで戦うか」と「どうやって戦うか」の素晴らしい戦略を持っており、それが社を強くしている。戦場選択において、オリーブ・ガーデンにとっては、ヘッド・シェフの名前を売ってもあまり意味はなく、バタリにとっては店舗間に一貫性を持たせることに意味はない。だがもしバタリがより価格の安いカジュアル・ダイニングへの進出を真剣に考えるとしたら、ウルフギャング・パックがやったように、この新たな戦場選択に合った戦い方を選ばなければならない。さもなければ、新市場への進出は失敗するだろう。戦場と戦法は、一体として考えられなければならない。どんな戦場にも万全の戦法などあり得ないからだ。

戦法選択に当たっては、どうすれば競争相手と明確に違うやり方で顧客に独自の価値を提供し続けられるかを決めなければならない。マイケル・ポーターはそれを「競争優位性」と称した。顧客のために優れた価値を創造し、その見返りとしてより高いリターンを得るために企業が利用する具体的な方法である。

オレイにとっての戦法選択は、次のようなものだった。まず実際に老化の兆しと戦える本当に優れたスキンケア製品を開発し、ブランドのプロミスを明確にした強力なマーケティング・キャンペーン（「老化の七つの兆しと戦う」）を展開し、マスステージ・チャネルを確立し、大手量販店と協力してプレステージ・ブランドと真っ向から競争する、というものである。P&Gが最も熟知している流通チャネルで勝つことを選ぶマスステージ・チャネルの選択は、製品の組成、パッケージ・デザイン、ブランディング、そしてプライシングを大きく変えて、流通と顧客に対する価値提案を組み直す必要を強いた。

全社的には、ホームケア、美容品、ヘルスケア、パーソナルケア市場を中核にして戦う選択をした。この戦法選択は、戦場選択ときっちりと統合されていなければならなかった。戦法選択は、社の現状に沿い、競争相手が模倣しにくいものでなければならない。P&Gの競争優位性は、中核的顧客層に対する理解と、革新的な技術を使って次々と差異化されたブランドを生み出す能力だった。グローバルな規模とサプライヤー（供給者）や流通パートナーとの協力関係を生かし、選択した市場で強い配《はい》荷《か》力と顧客価値を発揮する。自社の強みを生かし、それに投資すれば、独特の市場攻略モデルを通じて競争優位性を維持できる。

P&Gの戦場と戦法の選択は、誰にでも常に当てはまるわけではない。自分の事業にとって正しい選択をする鍵は、実行可能なことにきっぱりと絞り込むことである。あなたが規模の小さな新興企業で、はるかに大きな競争相手に挑んでいるなら、規模に物を言わせる戦略はあまり意味がないだろう。とはいえ、それも絶対ではなく、自分の選択で状況を変えられることを見くびることなかれ。レッド・ハットの共同設立者ボブ・ヤングには、目指す戦場がはっきりしていた。オープンソース（公開仕様）の企業向けソフトウェアで法人顧客にサービスしたかったのだ。この状況で勝つには規模が必要なようだった。法人顧客はトップ級の企業、とりわけ圧倒的なそれから製品を買いたがるものと思われたからだ。当時、リナックス市場は群雄割拠《ぐんゆうかっきょ》もいいところで、そんな明確なトップ企業はいなかった。何かしなければならない。その方法は、ソフトを無料でダウンロードさせ、圧倒的な市場トップの地位を確保し、企業のＩＴ（情報技術）部門に信用を築くことだった。この場合、ヤングは戦場と戦法の決定を下し、それを取り巻いて残る戦略を決めていった。利益はソフトの販売によってではなく、サービスによって得ることにしたのである。その結果は、一〇億ドル規模の法人向けＩＴ会社の誕生だった。

勝つための様々な方法、それを通じての可能性についての考察は、Ｐ＆Ｇにとって特に大きな課題となった戦法選択をもたらした一連の技術を始め、第４章で詳しく扱う。

中核的能力

戦略の中心から生まれ、それを支える二つの重要な問いがある。①勝つためにどんな能力が必要かと、②その戦略的選択を支えるためにどんな経営システムが必要なのか、である。前者の問いは、選択した戦場で勝つために必要な資質がどこまで必要かを選ぶことに関わる。能力については、具体的な戦場や戦い方の選択を支える活動や優位性を描き出す必要がある。

オレイ・チームは、様々な面で能力を育み、身につけなければならなかった。製品を刷新しなければならないことは明白だった。中身だけではなく、包装、流通、マーケティング、そしてビジネスモデルさえ変えなければならなかった。既存の顧客についての知見を、別のセグメントについての理解に十分に生かさなければならなかった。ブランド、広告、そして商品を、量販店と一緒に、新たな方法で作り上げなければならなかった。これはオレイと社のスキンケア部門だけでできることではなかった。だから、製品の成分開発企業（セルダーマ）、デザイナー（IDEO他）、広告とPR代理店（サッチ&サーチ）、オピニオン・リーダーたち（美容雑誌の編集者、皮膚専門医など商品の推奨役としての重要人物）とパートナーを組んだ。このように社の内外の力を組織化して、独特で強力な活動体系を作り出した。そのためには、既存の能力を深め、新たな能力を獲得しなければならなかった。

P&Gは全世界に一二万五〇〇〇人の従業員を擁しており、その能力は広範かつ多様である。だが、戦場を選び、そこで勝つ方法のために根本的に必要な能力は、数えるほどしかない。

消費者知見　これは買い物客やエンドユーザーを本当に理解する能力である。目標は、曖昧《あいまい》な消費者のニーズを明快にし、消費者をどの競争相手よりもよく知り、他社に先んじて機会を見通すことである。

イノベーション　イノベーション（革新）こそ、P&Gの血液である。P&Gは消費者ニーズへの深い理解を、新製品や常に改良を怠らない既存製品に生かし続ける。それは製品に、容器や包装に、消費者への奉仕の方法や流通企業との協力の方法に、さらにはビジネスモデル、中核的能力、経営システムにさえ及ぶことがある。

ブランド・ビルディング　ブランディングは長らく、P&Gきっての強みだった。ブランド・ビルディングの方法論をよりうまく定義し、昇華するために、P&Gはブランド・リーダーやマーケターの能力を高める研修を施す。

市場攻略能力　これは、流通チャネルや消費者との関係づくりの能力である。P&Gは顧客や消費者に正しい時に、正しい場所で、正しい方法でリーチすることによって栄える。小売店との独自のパートナーシップに投資することで、社は新たな市場攻略能力を切り開き、身につけ、それによって消費者に、そしてサプライチェーンを構築する全流通パートナーに、より大きな価値を提供する。

グローバルな規模　P&Gはグローバルに複数のカテゴリーで展開する企業である。孤立したサイロのように事業活動するのではなく、カテゴリーが協力して人材を雇い入れ、学習し、共同調達し、研究開発し、市場攻略することによって、全体の力を強化できる。一九九〇年代、P&Gは人事やITサービスなど社内の支援サービス部門を融合してグローバル・ビジネス・サービス（GBS）の傘下に収め、世界中で規模のメリットを得てこうした仕事ができるようにした。

これら五つの能力が互いに補強し合い、全体としてP&Gを独自の存在にした。それぞれの能力は個別にも強力だが、長期的に真の優位性を生むにはそれでは物足りず、それらが相乗的に働いてこそである。P&Gの研究開発部門から生まれた偉大なアイデアは、効率良くブランド化され、世界中の地域一番の小売店の棚に並べられる。このコンビネーションは、競争相手には容易に模倣しがたいものだ。中核的能力と、それが競争優位性に関わるあり様は、第5章でさらに詳しく論じる。

経営システム

カスケードにおける最後の戦略的選択は、経営システムについてだ。これは、戦略を育み、支援し、測定するシステム群である。経営効率を真に高めるには、これらが選択や能力の支えになるよう設計されていなければならない。システムや測定方法のタイプは、選択や企業によって様々だが、総じて言えば、選択を全社に確実に伝えられ、従業員が選択を実現し能力を生かすことができ、能力を生み出し続けられる計画につながり、選択の効率性やアスピレーションの達成度が測定できるものでなくてはならない。

オレイの選択や能力は、様々なシステムや測定方法に支えられていた。「自分の仕事を愛そう」という人事戦略（能力開発を促し、美容分野の才能集積を深めるためだった）や、ブランド、パッケージ、製品ライン、その他あらゆるマーケティングミックス要素に対する消費者の反応を測定できる詳細なシステムである。オレイ・チームは革新を目指して組織され、あるチームが戦略を実践して現在の製品を売り込む一方で、別のチームが次世代製品を生み出せるような構造を生み出した。これによって技術的なマーケター、すなわち研究開発だけではなくマーケティングにも通じており、皮膚専門医とも美容雑誌の編集者ともしっかりと会話できる人材を育成できた。またオレイは、店内販促ツールの開発やデザインの一流会社ともパートナーのシステムを組み、目を引き、客の気をそそるディスプレイを開発した。さらにP&Gのグローバルな調達能力、グローバルな市場開発組織（GMO）、そしてGBSを生かして、スキンケアとオレイのチームが最も付加価値を生み出せる仕事に集中できるようにした。

全社段階の経営システムでは、戦略対話、開発計画レビュー（検証）、ブランド価値レビュー、予算や事業計画の議論、人材査定システムなどが挙げられた。二〇〇〇年を境に、これらのシステムは全て大きく変更され、より効果的になった。いずれのシステムも緊密に統合され、相互に強め合い、勝利のために欠かせなかった。経営システム全般、そしてそれが特にP&Gではどう働いているかについては、第6章で詳述する。

選択の力

この議論はオレイの物語で始めた。私たちは、オレイが成功したのは、五つの戦略的選択を統合し（図1－3）、それが全社の五つの選択（図1－4）と見事に適合していたからだと思う。選択は緊密に統合され、カテゴリー、セクター、全社段階での選択を強化するものだったので、オレイというブランド段階での成功は、それを実現する戦略の助けになった。

オレイは、P&Gの中核的能力を的確に生かした。消費者知見を生かしてアンチエイジングの大型商品に位置付ける場所と方法を決められた。会社の規模と製品開発能力を生かして、より優れた製品

図1-3　オレイの選択

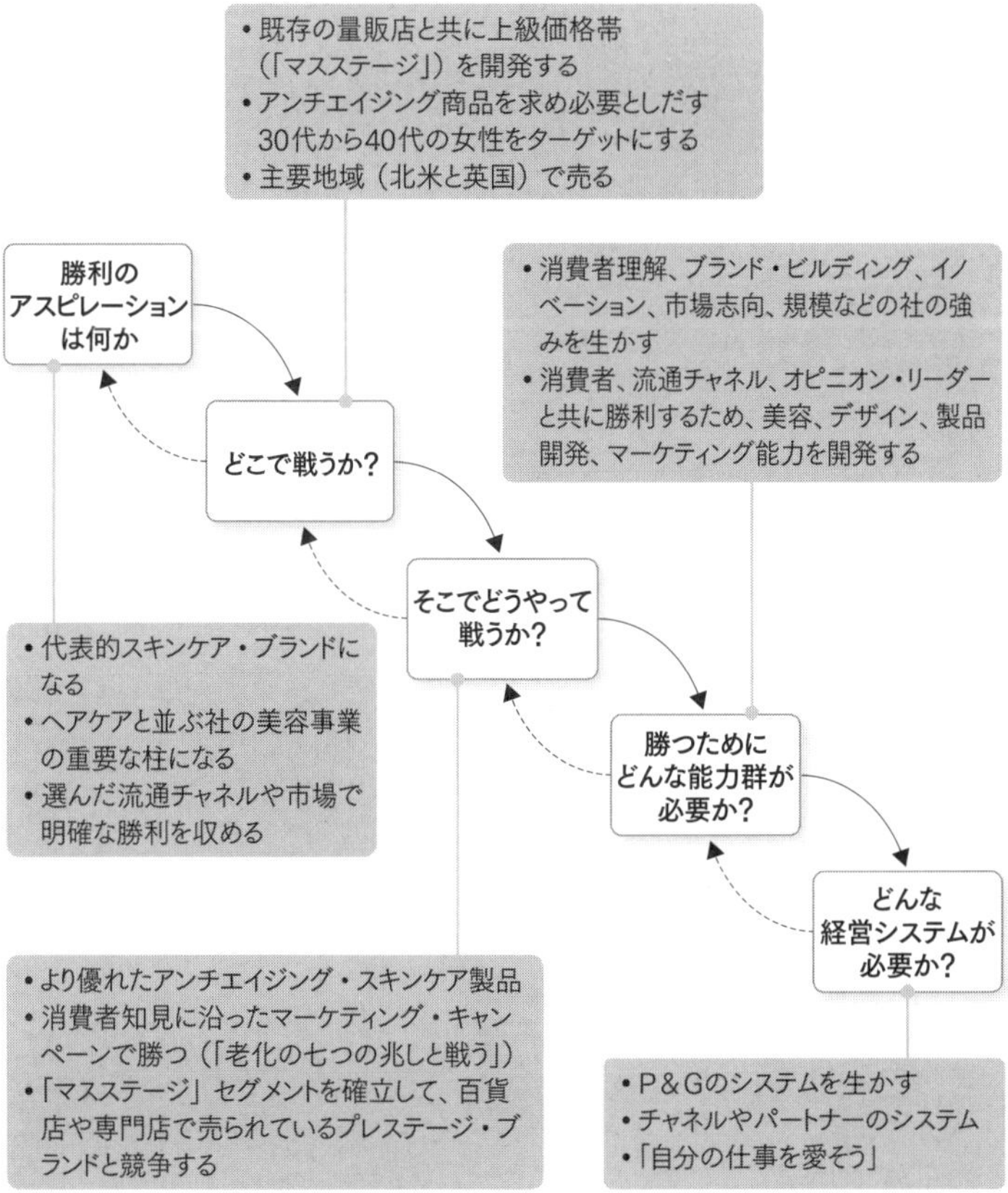
• 既存の量販店と共に上級価格帯（「マスステージ」）を開発する
• アンチエイジング商品を求め必要としだす30代から40代の女性をターゲットにする
• 主要地域（北米と英国）で売る
勝利のアスピレーションは何か
どこで戦うか？
そこでどうやって戦うか？
勝つためにどんな能力群が必要か？
どんな経営システムが必要か？
• 消費者理解、ブランド・ビルディング、イノベーション、市場志向、規模などの社の強みを生かす
• 消費者、流通チャネル、オピニオン・リーダーと共に勝利するため、美容、デザイン、製品開発、マーケティング能力を開発する
• 代表的スキンケア・ブランドになる
• ヘアケアと並ぶ社の美容事業の重要な柱になる
• 選んだ流通チャネルや市場で明確な勝利を収める
• より優れたアンチエイジング・スキンケア製品
• 消費者知見に沿ったマーケティング・キャンペーンで勝つ（「老化の七つの兆しと戦う」）
• 「マスステージ」セグメントを確立して、百貨店や専門店で売られているプレステージ・ブランドと競争する
• P＆Gのシステムを生かす
• チャネルやパートナーのシステム
• 「自分の仕事を愛そう」

図1-4｜P＆Gの選択

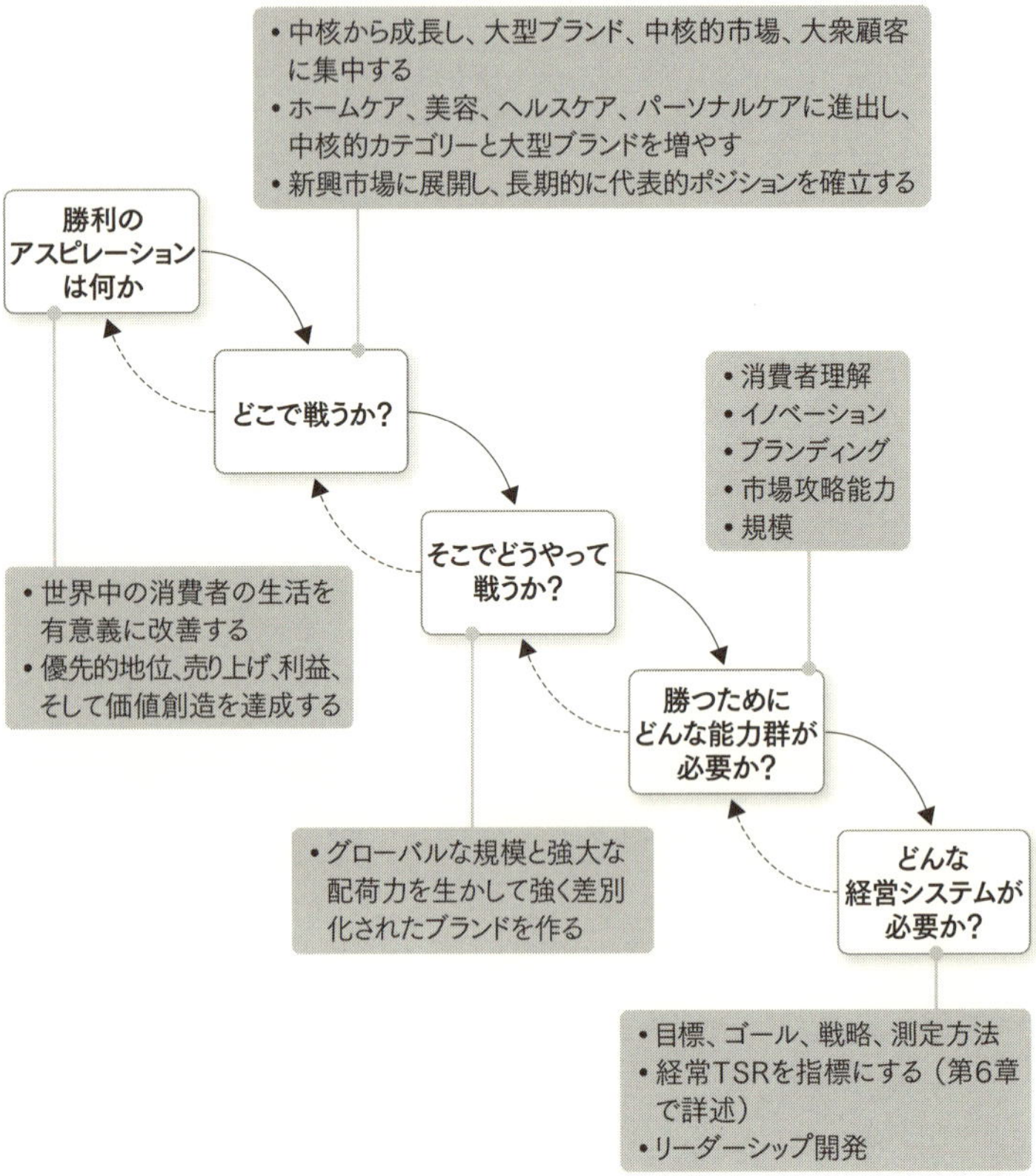
・中核から成長し、大型ブランド、中核的市場、大衆顧客に集中する
・ホームケア、美容、ヘルスケア、パーソナルケアに進出し、中核的カテゴリーと大型ブランドを増やす
・新興市場に展開し、長期的に代表的ポジションを確立する
勝利のアスピレーションは何か
どこで戦うか？
そこでどうやって戦うか？
勝つためにどんな能力群が必要か？
どんな経営システムが必要か？
・世界中の消費者の生活を有意義に改善する
・優先的地位、売り上げ、利益、そして価値創造を達成する
・消費者理解
・イノベーション
・ブランディング
・市場攻略能力
・規模
・グローバルな規模と強大な配荷力を生かして強く差別化されたブランドを作る
・目標、ゴール、戦略、測定方法
・経常TSRを指標にする（第6章で詳述）
・リーダーシップ開発

を競争力ある価格で提供できた。社のブランディングの能力とチャネルとの協力関係を生かして、店頭で消費者に製品を試してみるよう説得できた。いずれもがブランド再生、市場におけるリポジショニング、真の勝利に欠かせないものだった。

まとめ

カスケード全体を選び抜くのは容易ではない。それは一方通行で直線的なプロセスではない。どこでアスピレーションを生み、どこでどう戦うかを決め、と順に作業を進めていくガイドになるチェックリストもない。戦略とは双方向的なプロセスで、そこでは全ての変動しつつある部分が影響し合い、全体として考慮されなければならない。戦場と戦法を決める際には、既存の中核的能力を理解しておかなければならない。だが同時に、重要な未来志向の戦場や戦法選択において、新たな能力やそのための投資も必要かもしれない。五つの選択全てに関わるダイナミック・ループを考えれば、戦略立案は容易ではない。だが、やればできる。選択に当たって明確で強力な枠組みを持つことは、自分の事業や職能を改善しようとするマネジャーにとって有益なスタート地点だ。

戦略とは、細々した一連の専門能力とは限らない。組織のあらゆる段階で問える（また問うべき）五つの重要な質問――勝てるアスピレーションとは何か、どこで戦うか、どうやって勝つか、どんな能力が必要か、それらを支えるためにどんな経営システムが必要か――は明確にできる。これらから成る戦略的選択カスケードは、一枚の図にまとめられる。それが全社の戦略や、そのためにしなければならないことについての共通理解につながることもある。それぞれの選択についてのエッセンス、そしてそれを(個別にも全体としても)どう考えるかが、後続の五つの章の主題である。まず、最初の問いは勝利のアスピレーションとは何か、だ。

選択カスケードについてやるべきこと、やってはいけないこと

各章の章末ごとに、いくつかのアドバイスを手短にまとめる。その章の教訓をご自身の事業に応用する際にやるべきこと、やってはいけないことである。

・戦略とは勝つための選択に関わるものと心得よ。それは五つの非常に具体的で同格の統合された選択群である。戦略を決するには、何をし、何をしないのかを選べ。
・五つの選択をまとめてやれ。個々の段階を独立して選んではいけない。実行可能で行動的で持続的な戦略を作るには、五つの選択全てにまとめて答えなければならない。
・戦略を双方向のプロセスと考えよ。カスケードのある段階で知見を得るごとに、他の段階の選択を考え直さなければならないかもしれない。
・戦略は組織の複数の段階で起きることを理解せよ。組織を繰り込み構造によるカスケード

と考えてもいい。自分の仕事に取り組みながら、他のカスケードにも目配りせよ。

・唯一完璧な戦略などないと知れ。自分にとって有効な明らかな選択を見いだせ。

第2章

勝利とは何か

アスピレーション（憧れ）は、組織の目標を導く。スターバックスのミッション・ステートメントを考えてみよう。「顧客ごとに、一杯の飲み物ごとに、店舗の進出地域ごとに、人間的精神を鼓舞し、育むこと」。ナイキの場合なら、「全てのアスリート(*)にインスピレーションとイノベーション（革新）をもたらす」（＊「身体がある人なら誰でもアスリートだ」と付記）。マクドナルドの場合なら、「顧客が一番好きな店であり、食事の方法であること」。いずれもが、社がどうありたいかについての宣言であり、また存在意義は何かについての省察である。だが高邁《こうまい》なステートメントがすなわち戦略であるわけではなく、それは単なる出発点に過ぎない。戦略的選択カスケード（滝）の第一段階――あなたの勝利のアスピレーションは何か？――は、自社の目的を規定し、それを導く使命やアスピレーションを戦略的な用語で表すもの。社にとっての勝利はいかなるものか？　その戦略的アスピレーションとは、具体的にどんなものか？　これらに答えることが、戦略の議論の基盤になる。それが後続の戦略的選択全ての文脈となるのである。

社の高邁なアスピレーションを表現する方法は様々にある。だが経験則として、金銭（株価）ではなく、まず人々（消費者と顧客）から始めるとよい。ピーター・ドラッカーは組織の目的は顧客の創造であると述べたが、これは今日でも真実である。先に述べたミッション・ステートメントを振り返ってみよう。スターバックス、ナイキ、マクドナルド……いずれもが大成功を収めているが、アスピレーションの核は顧客である。そして彼らのアスピレーションの大意に目を向けてほしい。ナイキは全てのアスリート（一部の、ではなく）に奉仕しようとし、マクドナルドは顧客が一番好きなレストラン（家族の外出時に便利な、ではなく）になろうとしている。いずれも、ただ顧客に奉仕すればよいというわけではないのだ。そしてこれが、企業のアスピレーションについての、唯一最も重要なことだ。社は勝つために戦わなければならない。そのためには単に参戦するだけでは凡庸になるのみで自滅的である。勝利こそが重要なのであり、つまるところそれが成功の基準である。ひとたび勝利のアスピレーションが定まったら、残りの戦略的問いは、勝利をもたらすための方法を見いだすことに直接的に結びつく。

勝利をアスピレーションとして明確に表現することがそれほどにも大切であるのは、いったいどうしてか？　勝利にはそれだけの価値があるからだ。ある業界の価値創造の不釣り合いなほどの大部分は、業界のリーダーが得るのである。だが勝利には困難もつきまとう。難しい選択、一意専心、大きな投資を強いられるからだ。多くの企業が勝利に挑み、それを果たせずにいる。となれば、明確な勝利の規定もなしに事を始めた場合にどうして勝てる見込みがあろうか。企業が勝利のためにではなく、漫然と参戦した場合には、厳しい選択と膨大な投資を強いられ、勝利の可能性はますます低くなる。穏やか過ぎる目標は、高過ぎる目標よりもずっと危険なのである。あまりにも多くの企業が、控えめ過ぎる目標のために討ち死にしている。

勝つために戦う

前世紀で最も高くついた戦略的賭けを考えてみよう。GM（ゼネラルモーターズ）のサターンだ。

一九五〇年代、伝説的会長アルフレッド・P・スローンの指揮下で、GMは世界中のどんな企業よりも多くの従業員を抱え、米国自動車市場の半分以上のシェアを持っていた。ビッグスリー（米三大自動車メーカー）でも最大手で、当時は世界でも最も偉大で強力な会社だった。だがスローンは引退し、顧客の好みは、一九七〇年代のオイルショックのためもあって変化した。より安く燃費の良い輸入車がGMのラインナップを古臭く割高に見せた。

一九八〇年代には、GMの米国における中核的ブランド——オールズモビル、シボレー、ビュイックなど——は下り坂だった。若年顧客はトヨタ、ホンダ、日産などのより小さくて経済的な車種を選ぶようになっていった。コスト問題もつのっていた。GMの組合員は高齢化し、気前の良い引退後の福利厚生で高まるばかりのレガシーコスト（負の遺産）は自動車を買う顧客にしわ寄せされた。一方、全米自動車労連との関係はまずく、事業再編、工場閉鎖、経営資源の移管、膨大な数のレイオフ（一時解雇）などは、悪化することこそあれ改善する兆しはなかった。

一九九〇年、戦略的な岐路に差し掛かったGMは、大胆な選択をした。小型車市場で戦うために、新ブランドを立ち上げたのだ。サターン——「礼をつくす会社、礼をつくすクルマ」——は、GMにとってほぼ七〇年ぶりの新ブランドだった。さらに事業部ではなく、子会社形式で自動車を作り、売る初めてのケースとなった。目標は、当時の会長だったロジャー・スミスによれば、「ローエンド市場で競争してさらに利益を上げること」[1]。要するに、サターンはGMによる、小型車市場の脅威となっていた日本車に対する回答だった。それは防御的な戦略であり、小型車セグメント（区分）で戦いつつ、GM全体に残っているものを守ろうとする動きだった。

GMはサターンの本社を別に設立した。サターンのスプリングヒル工場のために自動車労連とも交渉して柔軟な条件を取り付け、安い基本給の代わりに労働者の裁量を拡大し、収益分配策も強化した。サターンは顧客サービスについても非常に異なるアプローチを取り、全てのディーラーで値切り交渉なしのワンプライス戦略を採用した。サターンでは、「顧客は通常なら高級車のディーラーで受けるような個人的な気配りを受ける……社の方針として、顧客がサターンの新車の鍵を受け取る瞬間には、従業員は手掛けていた仕事の手を休め、祝福の輪に加わる」[2]。鉦《かね》や太鼓の鳴り物入りで発表されたサターンは、GMにとっての特効薬になるはずだった。イノベーティブな戦略的イニシャチブ（主導権）で、ついに形勢逆転する……はずだった。

だが結局、サターンは形勢逆転できなかった。ざっと二〇年後、アナリストの推計で二〇〇億ドルもの損失を出した後、サターンは消滅した。事業は閉鎖され、二〇一〇年までに全ディーラーも全て閉店した。連邦破産法第一一章（アメリカ会社更生法）を受けたGMにかつての面影はなく、米国の市場シェアは二〇％を切っている[3]。サターンを立ち上げたことがGMの破産を招いたわけではないが、大きな救いにもならなかった。サターンの自動車は愛用者からは好まれたが、フルラインナップを構成したり全国的なディーラー網を展開するだけの販売量には達しなかった。元GM幹部の言葉を借りれば、サターンは「自動車市場におけるフォードのエドセル以来の大失敗かもしれない」[4]。

サターンを運営していた人々は、より若い顧客を持つ米国の小型車市場に参加するアスピレーションを持っていた。対照的に、トヨタ、ホンダ、日産はみな、このセグメントで勝利するアスピレーションを持っていた。で、どうなったかって？　日本車勢はみなトップを目指し、難しい選択を下し、勝つために必要な大型投資をした。GMはサターンを通じて、参戦することを狙い、はるかに小さな投資しかしなかった。当初、サターンはブランドとしてはそこそこうまくやっていた。だが矢継ぎ早に投資していたトヨタ、ホンダ、日産と対抗するには、膨大な経営資源が必要だった。GMは手も足も出なかった。サターンは死んだ。車が悪かったからではなく、勝利のアスピレーションが控えめ過ぎたからだ。そんな中途半端なアスピレーションでは、戦場選択や戦法選択、能力、経営システムを鼓舞できなかった。

公平を期して言えば、GMは多くの課題——労働組合とのこじれた関係、健康保険や年金などの重いレガシーコスト、ディーラーとの冷えた関係など——を抱えており、そのため勝てる見込みは低かった。しかし、勝利のためではなく戦うために戦ったことは、全体的な経営問題の克服どころか、それを永続化させた。GMのアプローチを、選んだ戦場では勝つ気で参入するP&G（プロクター・アンド・ギャンブル）と比べてみてほしい。そしてこのアプローチは、一見、あり得なさそうな場所にも通用するのだ。「勝利を目指して戦う」ことは、消費者市場を思えば腑《ふ》に落ちやすいかもしれない。だが社内の、共通サービス機能についてはどうだろう？　そんな場所でも勝利を目指して戦うことはあり得る。P&GのGBS（グローバル・ビジネス・サービス）の社長フィリッポ・パサリーニはその生き証人だ。

勝利を目指して戦う

ドットコム・バブルが崩壊した後、IT（情報技術）界は混乱していた。ナスダック市場はメルトダウン（溶解）し、ハイテク市場の信用を奪ったばかりか、他の市場平均指数も道連れにし、経済を景気後退へと叩《たた》き込んでいた。だが市場崩壊にもかかわらず、ITインフラ（社会基盤）やサービスへの投資が増え続けることは明白だった。たいていの企業（P&Gも含めて）にとってITは中核的競争力ではなく、社内のITサービスを担う課題は重くのし掛かっていた。幸いなことに、こうした状況を救うための新種のサービス業者が現れた。BPO（ビジネス・プロセス・アウトソーサー）である。こうした企業（IBM、EDS、アクセンチュア、TCS、インフォシスなど）は、様々なITサービスを外注ベースで提供していた。ITバブル崩壊の粉塵《ふんじん》が鎮まるにつれて、急速にデジタル化を進めていた企業は、どのくらいBPOを使うべきか、どのBPOパートナーを選ぶべきか、そしてそのために最善の方法は何かという問題に直面していた。下手な選択をすれば、何万ドルもの費用と前線の混乱につながるのだから、容易な問題ではなかった。

一九九九年の組織改編で、P&Gでは外注できる仕事の多くは、IT、設備管理、従業員向けサービスなどを担うGBSに集約されていた。二〇〇〇年、GBSの将来をめぐり、三つの選択肢が検討された。従前通り社内組織として運営するか、スピンオフ（全体として、あるいは部分的に）して大手BPO企業として独り立ちさせるか、仕事の大半を既存の大手BPOのどこかに委託するか、である。

これは容易な決断ではなかった。株式市場と経済は低迷しており、既存の公開BPO企業の株価もその例外ではなかった。もし実行すれば、この取引は非常に複雑で、BPO業界にとって世界的に未《み》曾《ぞ》有《う》の規模になるに違いなかった。P&Gでもこれほど多くの従業員に影響する事業売却やアウトソーシング（外部委託）はしたことがなかったので、社員の士気への影響も不確かだった。これら選択肢が明らかにされた時、一部の従業員は社が忠誠な社員を「奴隷」として売り飛ばそうとしているのではと怯《おび》えた。

最も安易な選択は、こうした決断は社の動揺を誘うので現状を維持するというものだったろう。なにしろGBSは、持ち場を守り、社内で質の高いサービスを提供してきちんと機能していた。大型の一流BPO企業であるIBMグローバル・サービセスやEDSなどと、巨額の委託契約を取り交わすことも考えられた。グローバルなサービス組織を社内に抱えておくのは経営資源の配分効率が悪いと認めて、GBSを独立したBPO企業としてスピンアウトさせる手もあった。いずれもが、微妙な問題を含んでいた。Ｐ＆Ｇがグローバルなサービスの世界でどうやって勝てるのかという問いへの良策にはならなかった。

上級経営陣は、選択肢はこれら三つだけではないはずだと考えた。そこで強力なＩＴの知識とマーケティング・マネジメントの経験を持つフィリッポ・パサリーニに、既存の選択肢を考え抜き、必要とあらば追加の選択肢を提案するよう命じた。パサリーニは型通りの選択肢を選びあぐねた。理論的には、大手ＢＰＯ一社にサービスを外注すれば、膨大な規模のメリットが受けられるはずだった。そのＢＰＯパートナーにとっては、業界始まって以来の巨額契約を獲得して喜ばしいことは明白だった。だがそれがどうしてＰ＆Ｇにとっての勝利につながるのかは、はっきりしなかった。Ｐ＆Ｇが求めていたのは、費用対効果や、予《あらかじ》め規定されたサービス水準の履行に留《とど》まらなかった。現在の体制では存在しない価値を革新によって生み出せる柔軟なパートナーを求めていたのだ。

パサリーニはほどなくして新たな選択肢を見いだした。一社にまとめて外注するのではなく、業務ごとに最も優れたところに分割発注するやり方だった。ＩＴインフラづくりはある会社に、施設管理はまた別の会社に、という具合である。Ｐ＆Ｇのニーズは非常に多様であり、より専門性の高い様々なパートナーを持った方がニーズを満たしやすい、と考えたためだ。パサリーニは、専門化によってＢＰＯ業務の高品質低コスト化を求め、また、Ｐ＆Ｇなら複数のパートナーを持ちつつより大きな価値を生み出せると考えた。さらに、分割発注の方がリスクを軽減できるし、より良いパフォーマンスを求めてパートナーを比較査定できる。最後に、アウトソーシングによって、ＧＢＳに残った経営資源を中核的能力に生かして、持続可能な競争優位性を生み出すことができる。

この方法は説得力があった。二〇〇三年、P&GはITサポートとアプリケーションについてHP(ヒューレット・パッカード)と、従業員向けサービスではIBMグローバル・サービセスと、設備管理ではジョーンズ・ラング・ラセールとBPO契約を結んだ。重要なことは、それぞれの分野で最も有名な最大手を単純に選んだのではなく、別の基準があったことだ。「仕事の内容によってパートナーシップのあり様は色々ですが、相互依存性という点で共通しています。HPははるかに引き離された業界四番手でしたが、P&Gと組むことで、一気に信用と注目を集めました。当社のインフラは今全てHPのプラットフォーム(基盤)で動いていますから、当社にとって彼らは重要です。ですが同時に、当社も彼らの最大手顧客として重要な存在なのです。パートナーに選んだどの会社についても、メリットは違いますが、いずれもがP&Gと相互依存性を持っているのです[5]」。パサリーニはBPO関係を考える上でより豊かな考え方を見いだした。すなわち、どんな状況下でなら、互いに勝つために助け合えるか、である。

このアプローチは成功だった。三社のオリジナル・パートナーたちは良い仕事をし、関係はさらに深まった。サービスのコストは低減し、一方で質やサービス水準は向上した。BPOサービス・パートナーに移籍した六〇〇〇人の従業員の満足度も向上した。彼らは今では、P&Gの非中核的事業部員ではなく、移籍先で中核的事業を担っている。さらに、このアプローチによって、ITシステムに革新をもたらすことができた。顧客の知見を生かした最新鋭の仮想買い物体験を設計したり、管理職が直感的に使えるデスクトップ上の「コクピット」型意思決定支援ツールを開発するなどである。全社共通の一般的な支援作業は外注する一方、GBSは戦略的優位性につながる仕事に取り組めるようになった。一社に丸投げせずに、職能ごとに様々なBPOに分割発注するP&Gのこのやり方は、その後の業界標準になった。

もしGBSがそこそこのBPOソルーション（解決）を提供するというアスピレーションを持っていれば、この最善分割発注方式は決して生まれなかっただろう。だが実際、GBSのアスピレーションははるかに上を目指していた。どんな選択がP&Gの勝利に結びつくのか？　どうすればその選択が持続可能な競争優位性につながるのか？　これらを自問し続けたのである。より敏捷《びんしょう》になったGBSを率いるパサリーニは、P&Gにサービスを提供することを勝利の価値公式の観点から考えている。「陳腐化が怖いのです」と彼は言う。「（IT界では）陳腐化を避けるには、はっきりとした違いが必要です。私たちはP&Gに独自のサービスを提供する道を模索しています。独自性のあることなら何でも取り組みます。競争優位性につながらない一般的な仕事なら外注します」。

勝利への渇望は、競争意欲を促し、向上心をもたらした。GBSは社内顧客の獲得を競っているほどだ。パサリーニが説明する。「私たちは仕事の依頼を待つのではなく、事業部や職能に提案して有料で提供します。ビジネスユニットは提案を気に入ったら、GBSから買うのです。気に入らなければ採用されません」。この市場原理方式は、社内顧客を勝ち取り、新たな価値を生み出す方法をGBSが考え続ける原動力になる。パサリーニはグローバル・リーダーシップ・チームの会議で大見得を切った。「サービス化できる課題を何でも投げかけてください。一ドル当たり一七セント節約してみせますよ」、挑発的な物言いだが、GBSの体質を物語っている。これで十分では、不十分なのだ。サービスを提供することは戦略ではない。より質の高いサービスをより安いコストで提供すること——そのサービスが組織改革の原動力になる限り——こそが勝利に向けた戦略である。

最も重要な人々と共に

適切なアスピレーションを設定するには、勝利に向けて敵と味方を明確にすることが重要である。だからこそ、自分が参入している事業、顧客、競争相手について考え抜くことが重要なのだ。P&Gでは、各事業部に、誰が最も大切か、誰が最大の敵かに集中させた。自社の商品やイノベーションを内向きに見るのではなく、誰が最も大切な顧客なのか、誰が最良のライバルなのかを外向きに考えさせたのだ。

たいていの企業は、どんな事業をしているのかと聞かれたら、製品ラインやサービスの詳細を説明する。例えば携帯電話のメーカーの多くは、スマートフォン（多機能携帯電話）製造に携わっていると答え、人々をいつどこにいても結びつけるビジネスをしているのだとは恐らく答えないだろう。だが実際に彼らが携わっているビジネスはそれなのだ。スマートフォンは、単にそれを達成するための手段に過ぎない。あるいは、あるスキンケア企業を考えてみよう。たいていは女性たちのより健康的で若々しい肌づくりの手伝いをしているのだとか、女性たちに美しさを自覚してもらう手助けをしているのだと言うのではなく、製品ラインについて説明することだろう。これは微妙だが重要な違いである。

後者の説明は、マーケティング的視野狭窄《きょうさく》の好例だ。エコノミストのセオドア・レヴィットが半世紀も前に指摘したのに、今もしぶとく残る現象だ。これにとらわれている企業は、製品しか見えなくなってしまい、より大きな目標や市場のダイナミクスを見られなくなってしまう。こうした企業は、巨額の投資をしたあげく、現状の製品を手直しした程度の製品を作り出してしまう。進歩や成功の指標も、特許数、開発技術数など、全く社内向けのものを採用する。消費者のニーズ、市場をどう変えるべきか、自分たちのビジネスの本質とは何か、どの消費者に応えるべきか、彼らのニーズを最もうまく満たすにはどうすればいいか、などを客観的に考えようとはしない。

製品を通じて物事を考える最大の危険は、原材料、エンジニアリング、化学などに集中したあげく消費者を忘れてしまうことだ。勝利のアスピレーションは、はっきりと消費者を意識して立てなければならない。最も強力なアスピレーションの中心には、製品ではなく、常に消費者がいる。例えばP&Gのホームケア事業のアスピレーションは、最も強力なクレンザーや漂白剤を作ることではない。清掃体験を見直し、家事を楽にすることだ。市場を一新する製品、例えばスウィファー、ミスター・クリーン・マジック・イレーサー、そしてファブリーズのような製品を生み出したのは、そんなアスピレーションだ。

最強の競争相手と戦う

そして競争がある。勝利のアスピレーションを決めるに当たっては、全ての競争相手に目配りしなければならず、旧知の相手だけを見ていればよいわけではない。もちろん、手始めは最大級の宿敵らだ。P&Gの場合なら、ユニリーバ、キンバリー＝クラーク、そしてコルゲート＝パーモリーブなどである。そして次に、広く見まわして最大の競争相手に絞り込まなければならない。

私たちはP&Gで、このアプローチを積極的に進めた。様々な業界やカテゴリーにおいて、最善の競争相手はえてして地元企業だったり、PB（プライベートブランド）会社だったり、小規模な消費者製品企業だったりした。この方法で、ホームケア・チームはレキット＝ベンカイザー（カルゴン、ウーライト、ライソル、エアウィックなどのメーカー）を見いだした。

チーム・リーダーらにレキット＝ベンカイザーを競争相手としてより真剣に認識させるのは容易ではなかった。だが同社とP&Gの業績を比較すれば一目瞭然だった。P&Gは六年間強い収益と一株利益の二桁増益を果たしていたが、レキット＝ベンカイザーはそれさえ上回る業績を上げていたのだ。P&Gのゼネラルマネジャーらは、レキット＝ベンカイザーに対してというより、現状の仮説や判断を見直すべきだった。「本当の競争相手は誰か？」こそが重要であり、さらに大切なことは、彼らの戦略や業務遂行がどう優れているのか、だった。彼らはどこで、どううまくやっているのか？　彼らから何を学び、何を変えられるのか？　それが誰であれ最良の競争相手をよく見ることは、勝利のための様々な洞察を与えてくれる。

まとめ

偉大な戦略の要諦は選択である。苦渋の選択をきっぱりと下すことだ。どんな事業をやるべきか、やらざるべきか。どこで戦うか、そこでどのように戦うか、どんな能力を中核的競争力にし、社内システムはこうした選択や能力を市場での優れた業績を上げ続けるためにどう変えていくのか、などだ。そしてその全ての始まりは、勝利のアスピレーションであり、勝利とはいかなるものかの定義である。

勝つことが究極のアスピレーションになっていない限り、企業は持続可能な優位性を得るために必要十分な投資を続けられない。だがアスピレーションだけでは不十分だ。企業の年次会計報告書をめくってみれば、必ず夢のあるビジョンやミッション・ステートメントを目にすることだろう。だが、そのミッション・ステートメントがどのように本物の戦略に生かされるのか、究極的な戦略的行動になるのかは、たいてい曖昧《あいまい》だ。従業員とアスピレーションを共有すれば戦略絡みの仕事は一丁上がりと考えるマネジャーが多過ぎる。残念ながら、それでは何も生まれない。どこで戦うか、どう戦うかとアスピレーションの関わり合いが明確になっていない限り、ビジョンなど不満をつのらせる原因になるばかりで、従業員にとって手の下しようがない。会社を動かすには、どこでどう戦うかの選択が必要だ。さもなければ勝てない。次章では、どこで戦うかを論じる。

勝利のアスピレーションについてやるべきこと、やってはいけないこと

- 漫然と競争するのではなく、勝つためにプレーせよ。勝利を自分なりに規定し、組織の輝かしい成功した将来像を描け。
- 従業員や消費者にとって意味のあるアスピレーションを描け。別に美辞麗句にせよとかコンセンサス（合意）が大切だというのではない。組織が何のために存在するのかについての、より深い意味につながるものだ。
- 勝利について考える時には、製品ではなく消費者からスタートせよ。
- 勝利のアスピレーション（そしてその他の四つの選択）は、社内の職能、ブランド、事業領域について設定せよ。この職能にとっての勝利とは何か、顧客とは誰なのか、彼らと共に勝つとは何を意味するのかを問え。
- 勝利を競争相手との比較において考えよ。伝統的な競争相手の他、思わぬ「最良の」ライバルにも目を光らせよ。
- ここで立ち止まるな。アスピレーションは戦略ではない。単に戦略カスケードの第一段階に過ぎないのだ。

戦略とは勝利である

A・G・ラフリー

実業界での四〇年余りを通じて、私は大半のリーダーは選択を好まないことを目撃してきた。選択肢を温存したがるのだ。選択は任意の行動を強い、それに拘束され、嫌と言うほど個人的なリスクを生み出すからだ。さらに勝利を明確に定義しているリーダーもほとんどいなかった。彼らは一般に、短期的な数値目標や狭く規定した市場の単純なシェアを語ろうとする。事実上、選択をする代わりに選択肢を考え、勝利を定義する苦しみを避けることによって、こうしたリーダーは勝利よりも単なる参戦を選んでいる。これではせいぜい業界平均並みの業績を上げることしか望めない。

私が入社した一九七〇年代、P&Gはあまり選択や勝利の定義がうまくなかった。一九七七年六月、私は「ビック・ソープ」の愛称で慕われていた米国の洗剤事業部のブランド・アシスタントとして報告書を出した。当時のP&Gは、洗濯洗剤や洗濯せっけんは一五種類、食器用洗剤は五種類のブランドを展開していた。消費者が求め、必要としていた数よりも、そして流通業者が収益を上げながら扱えるよりも、はるかに多かった。今日のP&Gは、洗剤は五ブランド、食器用洗剤は三ブランドに絞っている。一方で売上高、市場シェア、粗利と純利、そして価値創造は大幅に伸長した。何よりも大切なことに、米国市場において明確なトップ企業になった。かつて強敵だったコルゲート＝パーモリーブとユニリーバは、米国のこれら市場から事実上、撤退してしまった。残ったブランドは委託製造のストア・ブランドで、これはたいてい、P&Gブランド、PBに続く弱い三番手に過ぎない。北米の洗剤市場におけるP&Gの大勝利は、一連の明確で緊密で相乗的な戦略的選択によるもので、これは一九八〇年代初頭から始まった。セクター、カテゴリー、そしてブランド・リーダーがこぞってこれらでの勝利に挑み、そのための道を見いだしてきた。

ブランドやカテゴリー段階の勝利の定義が明快になっても、全社段階では必ずしも明確ではなく、それが不振につながっていた。一九八〇年代、大型のブランドの売り上げや利益の緩慢な伸びに業《ごう》を煮やした経営陣は、買収を通じて成長を加速しようとした。明確な戦場と戦法の戦略を欠いたままの買収とあって、行き当たりばったりにブランドを買収したあげく（オレンジ・クラッシュ、ベン・ヒル・グリフィン、ベイン・デ・ソレイルなど）、投資も回収できない始末だった。新ブランドや新製品も、アバウンド、シトラス・ヒル、コールド・スナップ、エンカプリン、ソロ、ビブラントなど、軒並み失敗した。一九八四年から一九八五年にかけては戦後初めての減益を記録。一九八六年には最初のリストラ（事業の再構築）を手掛け始め、不良資産を償却した。この時点で、マイケル・ポーターとモニターにお呼びがかかった。これがP&Gにとってビジネス戦略づくりの初体験で、私は光栄にも、ポーターの最初の教室の実験材料になった。

だが残念ながら、変化は根付かなかった。もう一度大きなリストラをし、海外市場が力強く成長し、短期的な財政数字が好転すると、P&Gはせっかく習ったことの大半を忘れてしまったのだ。一九九〇年代後半に入って大型商品の売り上げがまた鈍化し始めると、またぞろ空騒ぎを繰り返すようになった。新カテゴリー、新ブランド、そしてM&A（企業の合併・買収）……。今回は、新製品や新技術とあって賭けはさらに大きく、掃除ロボットやペーパーカップと紙皿、さらには新たな小売業態にまで進出した。買収もさらに活発になり、浄水会社のパーやペットフード会社のラムを買収した。イーストマン・コダックの買収も真剣に検討したし、アメリカン・ホーム・プロダクツ買収を巡ってはファイザーに競り負けた。製薬事業に進出するためにワーナー・ランバートにも秋波を送った。調子が狂い始めたことに不思議はない。

二〇〇〇年に私がCEO（最高経営責任者）に選出された時には、P&Gの事業の大半は目標を大きく見誤っていた。過剰投資、過剰展開に陥っていたのだ。消費者や顧客という最も重要な人々と一緒に勝ちつつある状況ではなかった。私はCEOに就任後の一カ月で、取引相手の大手流通を全て訪問したが、P&Gは彼らにとって最大のサプライヤー（供給者）ではあったが、およそ最善のサプライヤーとは言えない状態だった。消費者はP&Gを見放しかけており、大型ブランドの大半で試用率や市場シェアが落ちつつあったのはその証拠だった。

私はP&Gの戦略を立て直そうと決心した。私にとって立て直すとは、最も重要な消費者と共に勝てる実行可能な方法に集中するというものだ。そのためにはリーダーたちが本当に戦略的な選択をすることを意味していた（何をすべきか、何をせざるべきか、どこで戦うべきか、戦わざるべきか、具体的にどうやって競争優位性を生み出すべきかをはっきりさせる、ということだ）。そしてそれは、社内のあらゆる階層のリーダーたちが有能な実践者であると同時に、有能な戦略家になるということでもあった。私はP&Gを戦略の達人にするつもりだった。

中でも、戦略とは規律のある思考であり、勝利に関わる厳しい選択であるということを教えたかった。成長するとか、それを加速するというのは、戦略ではない。市場シェアを得るというのは、戦略ではない。一株利益を二桁成長させる、は戦略ではない。打倒競合X社は戦略ではない。戦略とは、どこで戦うか、どうやって勝つか、中核的能力は何か、そして消費者のニーズを独自の方法で満たす経営システムは何か、だ。それによって競争優位性を築き、優れた価値を生み出すことだ。戦略とは勝つための方法であり、それ以下のものではないのだ。

第3章

どこで戦うか（戦場）

何十年もの間、ペーパータオルのバウンティは強大なブランドだった。一九七〇年代から一九九〇年代にかけて、ナンシー・ウォーカーがロージーという名のダイナーのウェイトレス（兼ペーパータオル・マニア）に扮して演じたCMは、消費者の心にブランド名をしっかりと刻み込んだ。広告のコピー「ザ・クイッカー・アッパー（元気を回復させるもの、の意）」はアメリカンエキスプレスの「出かける時は忘れずに」やマックスウェルハウスの「最後の一滴までおいしい」と同じほど有名だった。バウンティは独自技術のおかげで競合製品よりも吸収性が強く、北米のペーパータオル市場でトップブランドになった。ロージーが引退した後でさえ、ブランドはまるで測ったように、一年に一%ずつ市場占有率を高め続けた。

だが一九九〇年代後半、バウンティ事業は低迷していた。北米は常にこのブランドにとって最大かつ最上の市場だったが、P&G（プロクター・アンド・ギャンブル）は海外進出に乗り出し、ティッシュ及びタオル・チーム（バウンティ、トイレットペーパーのチャーミン、フェイシャルティッシュのパフなどを担当）も、ヨーロッパ、アジア、ラテンアメリカでブランドや工場を買収し続けた。この買収騒動に資金を投じたおかげで、中核である北米市場の成長と収益性は細った。二〇〇一年にチャーリー・ピアースがグローバル・ファミリー・ケア（ティッシュ及びタオル・チームが改名した組織）の社長に就任した頃には、方針を変える時がきていた。ピアースいわく「私の仕事は危機宣言をすることだったと思う[1]」。

グローバルな拡張戦略は明らかに問題だったが、戦略的集中を欠いたこともいけなかった。ファミリー・ケア・チームは、いけいけどんどんの社内風潮に乗じて、プラスチック包装技術、食品容器、紙皿など、関係の薄いことばかりに取り組んでいた。こうした新製品から芽が出る可能性もあったかもしれないが、ペーパータオルやトイレットペーパー、フェイシャルティッシュの改良にはほとんど関係がなかった。一部のチーム員は、ティッシュやタオル事業は構造的に魅力がなく、儲《もう》かる事業ではないと信じるようになっていた。そこで他の商品やセグメント（区分）に成長機会を求めたのである。ピアースは当初、「もし既存の事業から十分な収益が得られないのなら、その事業から完全撤退すべきだ」と上申されていた。

だが、そうなのだろうか？　P&Gは成長する場所を中核からの成長と定め、その上でホームケア、美容、健康、そしてパーソナルケアなどのカテゴリーに展開することを決めていた。さらに新興市場でプレゼンス（存在感）を得ることを予定していた。こうした選択を通じて、P&Gは中核的消費者を理解する能力、差別化の効いたブランドの創出、研究開発、革新的な製品デザイン、グローバルな規模、サプライヤー（供給者）と流通顧客の両方との関係を通じて勝てると信じた。だがこれらのいずれもが、ファミリー・ケアの課題となっていた。ヨーロッパ、アジア、ラテンアメリカでは過剰な生産設備を抱え、PB（プライベートブランド）が強いためにカテゴリーが陳腐化していた。新興市場では、売価水準が低過ぎてブランド差異化では戦いにくかった。新興市場におけるニッチ（隙間）戦略——より優れた製品性能にプレミアム（上乗せ）価格を払ってくれるわずかな層を狙うこと——は、ほとんど不可能だった。紙製品では設備投資が巨額過ぎて、採算を取るには相当のスケールメリット（規模の効果）が必要だからだ。とはいえティッシュや紙製品事業を世界中で展開するわけにはいかなかった。

救いだったのは、北米での事業が構造的に魅力的だったことだ。P&Gは、北米の売り上げだけで一〇億ドル規模のブランドを持ち、製造のスケールメリットも得られていた。だから、上位半分を占める北米市場だけを残して事業規模を縮小、海外での他の資産を売却する手もあった。それまで総じて構造的にあまり魅力のないカテゴリーに参入したり、そこに踏み留《とど》まってきたが、価格、投資やコストの削減、規模などをしっかりと見直せば見込みのあるカテゴリーに絞り込むことにした。ランドリーケア、フェミニンケア、ファイン・フレグランスなどは、勝算が見いだせないので切り捨てた。戦場を選ぶとは、戦わない場所を選ぶことでもあった。

地理的に戦場を選択すると、次は商品を絞る戦場選択の番だった。それまでは世界市場を対象にしていたので、食品容器など一連の新製品やカテゴリーに手を出していたことにも一理はあった。ティッシュやペーパータオル事業は海外では魅力のある商品カテゴリーではなかったので、高収益の見込めるカテゴリーを試してみたことに無理はなかった。だがこのアプローチは、既存製品の改良ではなく、より投機的な製品カテゴリーを追いかけるということでもあった。だから地理的な戦場を狭めた後に、製品についても中核事業に回帰し、ペーパータオル、トイレットペーパー、フェイシャルティッシュなどの既存製品の改良に取り組むことにした。こうしてまた、バウンティ、チャーミン、そしてパフに集中できるようになった。

まずバウンティと消費者から見直し始めた。戦略議論の核となったのは、消費者についての深い知見だった。良き戦略は、自社と消費者のいずれにも価値をもたらすように消費者ニーズを満たすものでなければならなかった。消費者セグメントを絞り込む段になって、いくつか重要な問いがあった。消費者とは誰か？　やらなければならない仕事は何か？　消費者の商品選択基準は何か、それに対して当社はどう対応してきたのか？　バウンティは北米市場で大変な知名度とブランド価値を持っていた。「社にとって、最大級の資産の一つでした」とピアースは言う。「ほぼ誰に聞いても、バウンティは偉大なブランドだ、本当に良い商品だと言うでしょう。だがそのうち一部の人は、結局、別のブランドや商品を買ってしまう。いったい何が問題なのか、と思いました」。そこでピアースらは、ペーパータオルをめぐる、消費者のニーズや習慣を調べ始めた。

消費者を観察し、彼らの声を聞くことによって、ペーパータオルのユーザーは三種類に大別できることがわかった。

第一のグループは、強度と吸収性の両方を重視するタイプだった。このグループに対しては、バウンティはもってこいだった。彼らが最も気にしている商品属性を二つながら備えていたからだ。こうした消費者の間で、バウンティは既に明確な勝者ブランドだった。「彼らの間ではバウンティは四〇%シェアではなく、八〇%のシェアを持っていました」とピアースは語る。

二番目のグループは、布巾のような軟らかい手触りを求める一方、第一のグループとは違って強度や吸収性はあまり気にしなかった。

最後のグループは、価格を、唯一ではないまでも最も重視するグループだった。ピアースいわく「しかし彼らは強度も重視していました。だが吸収性には目もくれなかった。低価格製品の低吸収性に対して、単純にもっと多くのシートを使うという使い方で対応していたからです」。吸収性の良い高額商品を一度当たり少ない枚数使うよりも、低価格品をたくさん使って吸収性を補う工夫をしていたのだ。

バウンティは第一のグループの間では高いシェアを得ていた。だが他の二つのセグメントには、ほとんど食い込んでいなかった。もっと規模と収益性を伸ばすために、これらのグループにも食い込みたかった。そのためバウンティは、三つの商品にはっきり分けることにした。いずれもが、各々の消費者セグメントを攻略するための製品である。伝統的なバウンティはそのままにし、忠誠な顧客である第一のグループに奉仕し続ける。バウンティ・エクストラ・ソフトは、布巾のような軟らかい手触《てざわ》りを重視する第二のグループを攻める。残るは、低価格と強度を求める第三のグループだ。これは手強《ごわ》い顧客層だった。

低価格で出回っていたペーパータオル製品の大半は低品質だった。だが低価格版といえども、バウンティのようなブランドに傷をつけたくはなかった。「低価格な競合品は、情けないほど強度がなかった」とピアースは振り返る。「破れたり、裂けたりしました。こぼれを拭くと、ほつれてカスが出るのです。こうなると、こぼれを拭く以外にカスも処理しなければなりません」。バウンティの名を冠する以上は、たとえ低価格品であれ、ブランド名に恥じない品質が必要だった。第三番目のグループに向けてのバウンティは、ほつれないばかりか、具体的な消費者ニーズを念頭に開発しなければならなかった。だからバウンティ・ベーシックは、他の低価格品よりもはるかに丈夫でありながら、レギュラーのバウンティよりも二五％も安くした。そして従来のバウンティとは離れた低価格品の棚に陳列され、第三の顧客セグメントを真っ向から攻めた。

既存のバウンティの顧客がバウンティ・ベーシックに低位移行してしまうのではという懸念もいくらかあったが、消費者は商品属性に沿って見事に三グループに分かれていたので、実際にはほとんどそうはならなかった。ピアースは言う。「古いバウンティは、数十年の歴史を持つブランドでした。しかし現在では、とても明快な消費者理解とセグメンテーションに基づいた三製品によるブランドです。いずれも製品性能の点でははっきりと異なっており、ユーザーのニーズに応えるものです」。

つまるところ、P&Gは全くの日用品的セグメントでは戦わない選択をした。バウンティ・ベーシックはお値打ち品だが、PBよりは高い価格設定であり、製品性能では明確な価値を提供している。製品特性の点でも価格設定の点でも非日用品市場に留まることで、製品開発とブランドづくりの中核的イノベーション（革新）を生かし、中核的消費者を最も大切な流通パートナーを通じて攻略することができた。チームは地理的に戦場を選択し（北米）、消費者を選び（市場の上半分を構成する三つの消費者グループ）、製品を選択し（基本ラインと高級ラインのペーパータオル・ブランド）、チャネル（経路）を選択し（食料品店、大型ディスカウント店、ドラッグストア、コストコのような会員制店）、製品の段階（ペーパータオルそのものの研究開発及び製造、ただし原材料の林業をやるわけではない）を選択した。こうした明確な戦場選択によって、イノベーションに弾みがつき、強いブランドはさらに強くなった。その結果、ファミリー・ケア事業は安定的に、業界でもトップレベルのスピードで成長し価値を生み出し続けた。

正しい戦場の重要性

会社（あるいはブランド、カテゴリーなど）をめぐるどこで戦うかの選択は、戦場を選ぶということだ。自分がやっている仕事とは実のところ何なのか、どこで競争し、どこでは競争しないのかを選ぶことだ。これをはっきりさせることは重要である。戦場を選ぶとは、同時にそこでどうやって勝つかを見いださなければならないということでもあるからだ。戦場選択は、いくつものドメイン（領域）で起きる。

・**地理**：どこの国や地域で戦うのか？
・**製品タイプ**：どんな製品やサービスを提供するのか？
・**消費者セグメント**：どんな消費者グループを狙うか？　どの価格帯で？　どんな消費者ニーズを満たすのか？
・**流通チャネル**：消費者にどうやってリーチ（到達）するか？　どんなチャネルを使うか？

・製品の垂直的段階：製品製造のどの段階に参入するか？　バリューチェーン（価値連鎖）のどの位置を占めるか？　どれだけ広く、あるいは狭く？

そうした様々な考えが、包括的な戦場選択につながらなければならない。会社の規模や業界がどうあれ、考えそのものは同じである。中小農家を考えてみよう。彼は、戦場を選ぶに当たって、様々なことを考えなければならない。地域内や知り合いだけに売るのか、農協に加盟してより広域に売るのか？　どんな作物を栽培するのか？　有機農業か、通常の農業か？　生鮮品を売るのか、それともリンゴをジュースに加工してから売るのか？　消費者への直販か、それとも大型店経由でか？　ジュースに加工するなら、自分で搾汁するか委託するか？　思慮深い農民なら、カテゴリー、セグメント、製品、流通チャネル、製造方法ごとに選択をし、それらが全体として機能する（有機栽培の作物を地元の生産者直販で売るとか、果物を加工して全国的に売ることで製品ロスを防ぐなど）。

新興企業、中小企業、地域的企業、全国的企業、さらには巨大多国籍企業でさえ、みな似たような戦場選択を強いられている。もちろんその回答は様々だ。中小企業なら大企業よりも営業エリアを狭めるだろう。だがどんな大企業でも、どこでどう戦うか、どんな消費者のために戦うか（あるいは誰は外すのか）は、選ばなければならない。誰もにどこでもという選択は、負けの戦法である。

どこで戦うかを選ぶとは、どこでは戦わないかを選ぶことでもある。このことは拡張計画の適否を考える時にはより直截《ちょくせつ》的だが、現状の事業を振り返る際には、一気に困難な選択になる。あまりにも多くの場合、地域的にもセグメントとしても良くも悪《あ》しくも現状が維持されている。かつて今の戦場を選択したからというのは、そこに留まり続ける理由にはならない。ゼネラルエレクトリック（GE）のような会社を考えてみよう。一〇年前、同社は巨額の収益を娯楽事業（NBCとユニバーサル）や材料事業（プラスチックやシリコン）などから上げていた。今日ではポートフォリオ（構成）を組み直し、インフラ（社会基盤）、エネルギー、輸送などに絞り込んでいる。こうした分野では、具体的な能力がはっきりとした勝利につながる。これはどこでは戦わないかの選択の、明示的な例だ。

戦場選択は多面的だが、どの面が重要かは状況次第だ。いずれの面も徹底的に考え抜かなければならないが、状況によって様々な重要度を課さなければならない。新興企業なら提供する製品やサービスに集中しなければならないかもしれない。低迷している巨大企業なら顧客——ニーズをより深く探って、セグメンテーションを狭めるなり広げるなり考え直す——かもしれない。

P&Gでは、戦場選択は消費者の実像を探ることから始まる。何を欲し、何を必要としているのか？彼女たちを顧客として勝ち取るために、その正体を知る投資は惜しまない。観察によって、家庭訪問によって、満たされないニーズやウォンツを探るために大きな投資をしている。消費者の実像やそのニーズを知る調和の取れた努力を通じてのみ、戦場選択ができる。どこで戦いどこでは戦わないのか、どんな製品を売るのか、どこの市場を優先するのか、などである。現CEO（最高経営責任者）ボブ・マクドナルドの説明によれば、「きれいごとは言いません。消費者理解では、深く掘り下げ、日常生活をしっかり見ます。当社が力になれる問題を懸命に探します。そこからビッグ・アイデアが生まれてくるのです」[2]。そしてこうしたビッグ・アイデアが、有効な戦場選択の基盤になるのだ。

P&Gにとっては、流通チャネルをめぐる選択もえてして重要である。流通企業が支配的な規模や影響力を持っているからだ。テスコは英国市場の三〇%以上を持つ[3]。ウォルマートが扱う顧客は週に二億人だ[4]。他にもカナダのローブローや欧州のカルフールなど、地域的に強い影響力を持つ小売企業がある。だから、チャネル選択は特に重要である。もちろんチャネル選択がほとんど問題にならない業種もある（例えば顧客と直接取引する研修サービス企業など）。やはり状況次第なのだ。そしていずれの場合でも、戦う場所の選択自体の軽重を較量しなければならない。

戦場選択に当たって、最後に競合状況を考えなければならない。勝利のアスピレーション（憧れ）を規定する時と同じく、戦場選択に当たっても競争相手をしっかり意識する必要がある。強力な競争相手と同じ土俵で戦うより、別の消費者層に対して別の商品ラインで戦う方が好ましいこともある。だが戦略とは、単に競争相手とは違うやり方を探すということではない。群雄割拠《ぐんゆうかっきょ》の市場に飛び込んでいく手もあれば、新しい明確な価値を武器に強敵が支配する市場に入っていくこともできる。いずれの場合も、リーダー格から狙うか、まず弱い競争相手からやっつけていくかを、選ばなければならない。

タイドの場合もそうだった。一九八四年にリキッド・タイドで液体洗剤カテゴリーに参入した時、P&Gはしっかり根付いた強い競争相手と戦うことになった。トップシェアを持つユニリーバの液体洗剤ウィスクだ。粉末洗剤で十分に確立したブランド名があっても、これは容易に勝てる戦いではなかった。当初の二、三年、ウィスクはリキッド・タイドにシェアを一ポイントも譲らなかったどころか、初年度はシェアをむしろ上げた。明らかにウィスクの顧客は攻略できなかった。だがP&Gは少なくとも当初は、ウィスクのユーザーを奪う必要はなかった。鳴り物入りで導入したリキッド・タイドの発売は液体洗剤カテゴリー自体を成長させ、この新規顧客はそっくり獲得できたからだ。市場が膨らむにつれて、P&Gは弱い競争相手からシェアを奪っていった。例えばダイナモは、研究開発、規模、ブランディングの技術などの点で敵ではなかった。こうしてクリティカルマス（最小限必要な規模）を得てからようやく、リキッド・タイドはウィスクと真っ向勝負する必要に向き合い、その時にはおおむね勝利した。

リキッド・タイドの目的は、強力な競争相手がいる戦場を避けることではなく、二社が競争できるように戦場を広げて、勢いをつける時間を稼ぐことだった。そして結局、リキッド・タイドは明確なトップブランドになった。

三つの危険な誘惑

既に述べた通り、勝てる戦場選択のためには、様々なことを考慮しなければならない。消費者、流通チャネル、顧客、競争相手、地域（狭域、広域）、そして国際展開などだ。こんな複雑性に直面して、戦略は三つの陥穽《かんせい》に気をつけなければならない。第一は、選択を拒み、全ての戦場で同時に戦おうとすることだ。二番目は、避けられないつらい選択から逃れようとすること。三番目は、現在の選択を、不可避で不変とするものだ。これら三つの誘惑のいずれに屈しても、戦略的選択が弱まる。それはたいてい失敗である。

選択不能

集中こそ勝利に不可欠な属性だ。全ての人にとっての全てになろうとすると、えてして誰に対しても中途半端になる。どんなに強い企業やブランドでも、任意の消費者を相対的に優遇する。顧客セグメントは「全ての人々」で地理的選択は「どこででも」という人は選択の必要性を真に理解していない。ではトヨタやアップルの場合はどうなんだ、誰にでも奉仕しているのでは、と思うかもしれない。そんなことはない。彼らは確かに非常に広範な顧客ベースを持っているが、世界中であまねく売っているわけでも、全ての顧客セグメントに一律に奉仕しているわけでもない。二〇〇九年の時点でも、アップルの中国売り上げはわずか二%。これは、資源、能力、そしてノウハウに基づいた、どこでいつ戦うかについての選択なのだ。アップルといえども全ての場所に同時に進出することはできない。

P&Gだって、全ての市場に一律に奉仕することはできない。バウンティでは、北米の高級ペーパータオル市場を構成する三つの消費者グループを三つの製品で狙う選択をした。世界の他の地域や、主に低価格を求める消費者は選択しなかった。全社レベルでは、新興市場の中でも既に事業を確立している地域（メキシコなど）か、全てのプレーヤーに市場が一斉に開放された新興地域（ベルリンの壁崩壊後の東欧や、鄧小平《トンシャオピン》が深圳《シエンチエン》の経済特区を開放した時点での中国など）に絞った。こうして経営資源、資金、そして何より人材を優先投入してノウハウを蓄積し、事業を確立できた。こうした明確な選択なしには、きっと世界中で細切れに事業展開し、そのいずれもで覇権奪取に向けてエネルギーと資源を必要としただろう。

避けられないつらい選択から逃れようとする

魅力の薄い市場から撤退し、買収によってもっと魅力的な事業に乗り出すこともよくある。残念ながら、およそうまくいくことはない。現在の苦境から抜け出るための戦略化ができない企業が、どんな産業であれ徹底的に考え抜いた戦略を立てることなしにうまくいく保証はない。買収はただでさえ散漫な戦略をより混乱させ、全体としてさらに勝利を遠ざけてしまうのが関の山だ。

資源企業は、特にこの罠《わな》に陥りやすい。より高付加価値な同業者を買収したくなる誘惑に駆られやすいからだ。アルミニウムであれ新聞印刷用紙であれ石炭であれ、川下の企業を買収すれば売価も成長率も高いと考えて買収に乗り出しやすい。残念ながら、この種の買収には、二つの大きな問題がある。第一は価格である。魅力的な産業で企業買収するには巨額が必要で、えてして買い手にとって割高で、長い目で見れば消耗する。第二に、買収先の産業で必要な戦略や能力は、たいてい現状の産業のそれとは大きく違う。二つのアプローチに橋をかけ、いずれもで優位性を得るのは、非常に難しいのである（例えば鉱業の場合なら、ボーキサイト採鉱とアルミニウム製錬など）。つまりこうした買収は過度に高くつき、戦略的に困難である。

買収によってより魅力的な立場に参入するよりも、自社にとってベターな目標は見いだせる。本当のゴールは、社内に戦略的思考の修練を課し、現在の社業をもっとしっかり考えることだ。これは業種の別を問わず、様々な将来や機会につながるものである。

現状を変えられないと受け入れる

戦場は変えられないと考える人もいる。だが戦場は常に選べる。アップルも、当初に選んだデスクトップ・コンピュータ市場に固執しなかった。クリエイティブ産業御用達のデスクトップ・コンピュータという良きニッチを占めるようになっても、携帯デバイスによる通信や娯楽に進出することはでき、こうしてiPod(アイポッド)、iTunes(アイチューンズ)、iPhone(アイフォーン)、iPad(アイパッド)らが生まれた。

戦場は変えられないと思いたくなるのはわかる。業績不振のよい言い訳になるからだ。だが戦場を変えることは簡単とは言わないが可能である。それは現状の産業で消費者の認識を変えたオレイのような微妙な変化であることもある一方、トムソン・コーポレーションのような劇的な変化である場合もある。二〇年前、同社の戦場は、北米の新聞産業、北海油田、そして欧州の旅行産業だった。今日ではトムソン・ロイターとして、有料オンライン情報配信のみで競争している。トムソンにとって、新旧の戦場にはほとんど重なり合うところがない。変化は一夜にして成ったわけではないが——そのためには二〇年の苦労があったが――、現状の戦場選択を変えることはできる良い例だ。

十分に確立したブランドでさえ、複合的な選択がある場合がある。オレイの戦場選択と、それがたどった軌跡については既に触れた。あらゆる年齢層の全ての女性を対象にするのではなく、三五歳以上の老化の兆しに気付き始めた女性にターゲットを絞ったわけである。これは様々な選択肢からの明確な絞り込みの判断だった。そしてP&G最大のブランドであるタイドの場合は、戦略選択を広げることで強みを得た。

かつて、タイドのチームは、見てわかる衣服の汚れ落としをアピールしていた。一九八〇年代になっても、粉末タイプと液体洗剤という二つの製品形態しかなく、いずれも汚れを目に見えて落とすということに力を入れていた（CMコピーいわく「タイド・イン、ダート・アウト」）。だがP&Gは様々な製品を投入して洗濯ニーズに丸ごと応じる選択をした。漂白剤入りタイド、タイド・プラス・タッチ・オブ・ダウニー、タイド・ウィズ・ファブリーズ、冷水用タイド、無香料タイドなどだ。さらに、洗剤の枠組みを超えたその他の洗濯用製品まで提供するようになった。最も有名なのは染み抜き剤タイド・トゥ・ゴーである。目標は、様々な消費者、家族の一人一人の異なるニーズにそっくり応えられる製品にすることだった。

流通チャネルも拡大した。手始めに、ごく限られた製品ラインしか扱わない流通ルートを見直した。ドラッグストア、コストコのようなホールセールストア、ダラーストア、そしてコインランドリーの自販機ルートなどである。こうしたチャネルでは、NB（ナショナルブランド）を一つとPBを一つ程度の限られた商品しか扱わない。いずれの場合でも、NBとしてタイドを選んでくれるよう強く営業攻勢をかけた。カテゴリーのトップブランドだけに結果は圧巻で、タイド・ドライ・クリーナーまで売れるようになった。より優れた洗浄能力と付加価値を持つタイド製品を追加するたびに、中核ブランドを強化することになった。こうしてタイドは、ますます強くなったのだ。

新しい戦場を想像する

時には、新たな場所を見いだす鍵は、単純にそれが可能であると信じることだったりする。一九九五年、チップ・バージは、米国の磨き掃除用品事業のゼネラルマネジャーに任命された。バージは笑って当時を振り返る。「およそあか抜けず冴《さ》えない事業に聞こえました。実際、社の戦略的優先事業ではありませんでした。P&GのCEOにとっては真っ先に熟考する重要事業ではなかったと思います。むしろ厄介者だったでしょう。でも面白いことに、どの競合他社にとっても、これが中核事業でした(5)」。競争環境は難しかった。扱いブランドには、盛りを過ぎたコメット、スピックン・スパン、ミスター・クリーンなどがあった。「当時は二億ドル程度の事業規模でした。そして崖からまっさかさま、でした」。一九七〇年代のある時点では、コメットはカテゴリーの五〇%のシェアを持っていた。一九九五年、このカテゴリーのP&Gのシェアは、各ブランドを足し上げてもわずか二〇%にも満たなかった。

会社は時の移り変わりに取り残されていた。テーブルやキッチンカウンターの表面がポーセリンからファイバーグラスや多孔質な大理石に取って代わられるなど、家庭内での磨き掃除の対象も変わっていた。競合相手は、消費者が求める研磨性の弱いクレンザーを導入していたが、P&Gは未対応だった。「何か、全く違うことをしなければならないのは明らかでした」とバージは記している。「自社製品は時代遅れになっていると思いました」。

そこでバージは、競争風景とP&Gの中核的能力に基づいて、全く新たな視点で戦場を見直すように指示した。「幹部陣に、二日間出社しなくていいから、事業の変革案を考えてこいと指示しました。新たな選択や戦略は、家庭での磨き掃除を一変し、その苦労を軽減することでした」。そしてやはり、仕事の手始めは、消費者ニーズからだった。手軽にさっと磨き掃除ができ、現状の商品ではできない具体的な必要を満たせるもの、ということだ。バージは続ける。「そのために会社の規模や技術力を生かすにはどうすればいいのだろう、と考えました。鍵は、当社独自の様々な技術を総集することでした。化学、界面活性技術、製紙技術の結集です。こうして二年を費やしたあげく発売したのがスイファーでした」。

スイファーは、硬質の床や卓上などを掃除する使い捨ての紙モップ製品で、表面磨き市場を一新する消費者主導型の革新的な製品である。『ビジネスウィーク』は、これを「株式市場を揺るがしたトップ二〇製品[6]」の一つに選出した。それから一〇年、スイファーは米国家庭の二五%に浸透している。そして競争相手がこの新たな市場に追従してきた時には、P&Gは次を考え始めた。

深掘りする

新たな戦場選択を、リスクが高い、現状の事業と相性が悪い、中核的能力と折り合いが悪いと退けてしまうことがよくある。さらに、競争相手の戦場選択のあおりを受けて、事業全体を放棄してしまうこともよくある。だが時には、もう少し掘り下げ、先入観なく様々な戦場を検討してできることを見極め、どんな戦場を選んで勝つかを考える必要もある。P&Gのファイン・フレグランスもそんなケースだった。

ファイン・フレグランス事業の立ち上がりはぱっとしなかった。実際、この市場に参入した経緯も、いわば成り行きまかせだった。一九九一年、P&Gはメイクアップ市場を国際的に攻略するためにマックスファクターを買収した（この市場と関わりを持ったのは、カバーガールを持つノグゼルを一九八九年に買収してからである）。当時、カバーガールは北米だけで展開していた。マックスファクターの化粧品事業は北米外が主戦場だったので、折り合いは良かった。そしてマックスファクターがささやかなフレグランス製品を持っていたことが、P&Gにとってこの事業と関わるきっかけとなった。一九九四年、当時の会長兼CEOエド・アーツは、一億五〇〇〇万ドルでジョルジョ・オブ・ビバリーヒルズを買収して、ファイン・フレグランス事業を深掘りすることにした。当時、多くの人が首をかしげる買収だった。生真面目な中西部企業のP&Gが、ハリウッドのシックな香水会社を買収だって？

多くの点で、これは奇妙な取り合わせだった。フレグランス事業には、ジョルジョのような自社所有ブランドもあれば、香水についてのみのライセンス契約で販売するヒューゴ・ボスのような外様ブランドもあった。世界的なブランディングの名手P&Gにとって、ライセンス契約は奇妙なポジションをもたらした。ブランドイメージ全体は他社にそっくり依存しながら、製品を地道に提供し続けるというものだ。P&Gのブランドづくりノウハウが生かされる余地は、ほとんどなかった。さらに、こうしたファッション・ブランドの評判は、非常に移ろいやすい。人気の盛衰が激しく、それに対してブランド自体が（P&Gに至ってはさらに）できることがほとんどなさそうだった。タイドやクレストのように数十年にわたって成長し続けられる香水ブランドは、ごく一部に限られていた。さらに香水は、P&Gが従来あまり関わりがなかった百貨店や香水専門店などを主力ルートとする商品だ。とどめに、P&Gはこの分野で、バウンティやパンテーンの場合のように、競合商品との差異化をもたらせる技術群をおいそれと開発できなかった。ファイン・フレグランス事業は夢を売る商売である。イメージが物を言い、本物の技術はほとんど関係がない。ファイン・フレグランスに関する戦略的選択や能力は、P&Gの他の事業とほとんど関係がなかった。となればこの事業が一九九〇年代を通じて苦戦を続け、業界並みの成長もできなければ、P&Gの標準とされる業績も残せなかったのも無理はない。

少なくとも表面的には、ファイン・フレグランス事業は切り捨ての最右翼に見えた。全社との関わりが不明確な上、ファッション・ブランドへの依存や奇妙な流通経路などの複雑な特徴があった。社内にはこうした事業の運営ノウハウはなかったし、ベンチマーク（基準）になる公的な指標もなく、業界経験の蓄積もなかった。社は事業放棄の一歩手前まで行ったが、すんでのところで思い留まった。

ファイン・フレグランスには、二つのこだわるべき理由があった。一つは、美容業界における重要性だ。P&Gはヘアケア（パンテーンやヘッド&ショルダーズ）やスキンケア（オレイ）での強みを生かし、美容業界でも覇権を狙っていた。だが、業界と消費者に対して確固たる信用を築くには、化粧品と香水分野でも存在感が必要だった。研究開発と消費者調査の両面を通じて化粧品や香水で得た知見は、ヘアケアやスキンケアにも様々に応用でき、その逆もしかりだった。言いかえれば、フレグランス事業に留まるだけで、美容カテゴリー全体に好影響があるのだ。

加えて、フレグランスはヘアケアの非常に重要な一部だった。香りだけでも、消費者の製品選好に大きく影響するのである。そしてそれはヘアケアに限ったことではなく、それがファイン・フレグランス事業で戦い続ける二番目の戦略的理由につながった。様々な家庭用品やパーソナルケア用品において、使用感や感覚的刺激を重視する消費者は多いのである。製品に良い香り付けをすることで、商品選択で優位に立てるのだ。ほどなくして、香りが使用感の向上に役立つことやP&Gが世界最大のフレグランス・ユーザーであることがはっきりし出した。ファイン・フレグランス事業は小粒だが、実際の規模以上に大きな意味を持っていた。全社的な製品開発、ブランド開発において差異化を図るに当たり、鍵を握る存在でもあったのだ。

だからP&Gは、ファイン・フレグランス事業に留まるばかりか、むしろ戦略的にてこ入れすることにした。業界のビジネスモデルをそっくり逆転し、独自の戦場と戦法を選ぶことにしたのだ。ファイン・フレグランス事業においては、商慣習や業界常識がすっかり確立していた。ファッション・ブランドや香水会社が新作を開発し、ファッションショーなどで売り込み、百貨店で売り出すのだ。大半の香水はクリスマス商戦に向けて売り出され、翌年の春には売り上げが衰え始める。プッシュ&チャーン・モデル（商品を押し込んでは脱落していく市場構造）なのだ。そしてたいてい、香水事業はファッション事業を主体とする会社の副業だった。

対照的にP&Gでは、調香師のチームを雇い、ブランド・コンセプトや消費者のニーズやウォンツに沿って、香水を開発することにした。また一流香水会社の調香師らともパートナーを組むことにした。ほどなくして、ファイン・フレグランス業界では、P&Gとのパートナーシップを望む傾向が生まれた。P&Gというブランドは、消費者本意で、コンセプト志向だった。ファイン・フレグランス事業に力を入れていた時、P&Gは最高の広告代理店群と取引をし、広告、マーケティング、パッケージングの賞をいくつも獲得した。関連商材を充実することで、消費者ベースも拡大した。セグメントのトップブランドも生み出した。

フレグランス業界のもう一つの通り相場は、女性用の高級商品セグメントが主戦場であることだった。P&Gは最大手企業と正面衝突するのではなく、最も意外な、そのため抵抗が少ないところから攻めることにした。ヒューゴ・ボスで男性用香水市場を攻め、またラコステなどと提携してより若くスポーティーなイメージで切り込むことだ。儲かる女性向け市場をファッション・ブランドで攻める競争相手とは違うやり方だった。別の戦場と戦法を選んだことで、彼らの戦略やビジネスモデルを攻められるようになり、能力開発につながり、勝機が見えてきた。

ファイン・フレグランス事業で勝つため、P&Gは中核的能力を総動員した。ブランド・ビルディングのノウハウを生かしてライセンス相手のファッション・ブランドを選び、適切なロイヤルティ（使用料）額も計算できた。戦略理解のおかげで、ライセンス供与元の戦略と自社の戦略の相性も検討でき、互恵的に価値を生み出せた。

製品開発面では、世界的な調香師らを擁したことで、ライセンス・ブランド群で消費者好みの香りを開発でき、シーズンを超えても売れ続けた。そして世界最大のバイヤー（買い付け担当者）としてのP&Gの規模を生かして、香水の貴重な原材料をどの競争相手よりも安く調達できた。

こうした能力をフルに事業に生かしたことで、P&Gはドルチェ&ガッバーナ、エスカーダ、グッチ他などとのライセンスによって、一大香水事業を築き上げた。こうしてP&Gは、世界最大かつ最も収益性の高いファイン・フレグランス事業を育て上げた。おずおずと市場参入してから二〇年も経っていなかった。ファイン・フレグランス事業に留まることは当初、腑《ふ》に落ちず、戦場選択の新たな考え方を要するものだったが、会社全体に大きな報いをもたらした。

だが中には、マックスファクター買収のような僥倖《ぎょうこう》もあった。この買収は化粧品事業のグローバル化を進めるためだったが、それは実現しなかった。北米では不振により事業廃止の憂き目にあい、北米外でもさしたる基盤は築けなかったのだ。だから事業の目的を考えれば、買収は失敗だったと言えるかもしれない。だが化粧品事業からは二度もヒョウタンから駒が出た。小規模なファイン・フレグランス事業と、日本でのSK－Ⅱという超高級品スキンケア・ラインである。ファイン・フレグランス事業はその後、世界的な数十億ドル単位の事業に育った。SK－Ⅱは国際展開し、世界での売り上げが一〇億ドルを超えた上、非常に収益性が高いブランドとなった。P&Gが賢明な選択とたゆまぬ努力を続けたのは事実だが、やはり僥倖という他はない。

戦略の核心

戦場選択とは、可能性ある候補を集め、そこから選択をするということだ。地域、顧客、製品、流通チャネル、製造段階を、相互に補強し合い、消費者ニーズに合致するように選ぶということである。それにはユーザー、競争環境、そして自身の能力に対する深い理解が必要である。想像力と努力が必要なのだ。そしてちょっとした幸運も、たいてい損にはならない。

戦場を選ぶとは、どこで戦わないかを選ぶことでもあると心得よう。選択肢を絞り、本当に集中すべきことを見いだすのだ。だが唯一絶対の正解があるわけではない。企業やブランドによって狭い選択が最善であることもあるし、より広い選択肢が有効なこともあるだろう。はたまた広い地理的な選択の中での狭い消費者セグメントが有効な場合も、その逆の場合もあるだろう。つまりは状況次第である。

戦略の核心は、どこで、どうやって戦うのか、という二つの根本的な問いに答えることだ。次の章では二番目の問いを検討し、選択を統合するあり様を扱う。そこでは戦場選択と戦法選択が矛盾なく補強し合う。

戦場選択についてやるべきこと、やってはいけないこと

・どこで戦うか、どこでは戦わないかを選択せよ。問題となる全ての面（地理、業界セグメント、消費者、顧客、製品など）について、明確な選択をせよ。
・ある業界を構造的に魅力がないとして完全撤退してしまう前に、じっくりと考え抜け。その業界の中で、勝てる見込みのある魅力的なセグメントを探せ。
・戦場がしっかり決まるまで戦略を実施するな。全てを優先するのは、何も優先していないのと同じで無意味だ。そんなことはできないし、試すべきでもない。
・奇襲につながり、最も抵抗の少ない戦場を探せ。城砦都市を攻撃したり、最強の敵と真っ向勝負することはできるだけ避けよ。
・同時に複数の戦線で戦うな。自分の打つ手に対する相手の反応を数手先まで読んでおけ。

どんな選択も永遠に固執する必要はないが、目標を達するまでは粘るべきだ。

・未開拓地の誘惑に正直であれ。未開拓地に一番乗りすることは魅力的だ。だが、それができるのは一人だけだ（最初のローコスト・プレーヤーには一人しかなれないように）。そしてえてして、未開拓地と思った場所には手強い敵が潜んでいる。単に見落としていただけだ。

第4章

どう戦うか（戦法）

P&G（プロクター・アンド・ギャンブル）のグローバル・ビジネス・デベロップメント担当の副社長ジェフ・ウィードマンに、グラッド・フォースフレックスを使ったごみ袋の技術について聞いてみるといい。きっと白いキッチン・キャッチャーの袋を取り出し、袋を開けて差し出しながら、息せき切って話してくれるだろう。(1)「このフィルムを見てください。模様が透けて見えるでしょう？ これが豊かな伸縮性の秘訣《ひけつ》です(2)」。そう言って袋を引っ張ると、肘よりも長く伸びる。「おしめ事業を通じて蓄積したノウハウのおかげで、フィルム技術はお手のものです。この袋は分厚い競合製品よりも使っているビニールの量は少ないのですが、はるかに良く伸びます」。独自技術によって、強度と伸縮性を両立しつつ、原材料の使用量ははるかに減らせたのだ。つまり消費者にとってはよりたくさん物が入るが破れにくい袋になり、メーカーにとっては製造コストが安くて済むことになる。

ペーパータオルで培ったキルティング技術を生かしたフォースフレックス製品は、極めて先進的である。これはP&Gの研究所が姉妹技術と共に開発したものだ。

食べ残した鶏肉をラップで包んで冷凍保存する際には、低温破損が心配なもの。さもなければ一枚当たり単価が高いジップ閉鎖式の食品袋に入れるかだ。だがP&Gの研究陣は、第三の方法を開発した。食品ラップとして巻き出して使えるハイテク・シートに鶏肉をくるみ、そっと指先で押す。すると、ひとりでに巻きついて密封状態になり、冷蔵庫や冷凍庫にそのまま入れられるというものだ。

これら二つの技術は有望だったので、テスト・マーケティング（限定した地域で実際に売り出して反応を試験すること）にかけてみることにし、まずフードラップ技術（「インプレス」というブランド名が与えられた）の方から実施した。

その結果、市場受容度は上々だった。既存の食品ラップよりもほぼ三〇％も高い価格だったにもかかわらず、即座に二五％以上もの市場シェアを獲得したのだ。インプレスは、明らかに消費者が喜ぶ独自の価値を持っていた。それまでのP＆Gなら、テスト結果に気を良くして、新ブランドに大型投資をして全米で売り出すところである。だが試験チームは慎重に対応した。

一九八〇年代初頭、P＆Gの研究陣は、一杯で一日に必要なカルシウムが摂取できるオレンジジュースを開発した。その上このカルシウム成分は、既存のカルシウム・サプリメントのようにあっという間に身体から排出されずに、速やかに吸収されるのだ。加えて、オレンジジュースの味わいも損なわなかった。単にカルシウムを取る目的のために、それも乳糖不耐性だったり牛乳が好きでもないのに牛乳を飲んでいる女性や子供たちにとって、この商品は大きな福音だった。数十年後のインプレスと同じく、カルシウム入りオレンジジュースは当初、消費者テストでとても高い評価を得た。一九八三年、この商品はシトラス・ヒルという名で発売された。強力な競争相手が二つあった。コカ・コーラの一部門であるミニッツメイドと、当時は独立系だったトロピカーナ（後にペプシコに買収され、コーク・ペプシ戦争の戦線の一つとなった）だった。この二ブランドはブランド品オレンジジュース市場を支配しており、トロピカーナは天然絞りセグメント（区分）を、ミニッツメイドはさらに大きな濃縮還元セグメントを牛耳っていた。シトラス・ヒルは、いずれとも競合した。

既存の二ブランドはその名にかけて戦い抜いた、と言えば十分だろう。P＆Gはどんなカテゴリーでもトップシェアを取りに行き、そのあげく、まれに二番手ブランドに落ち着く。だからP&Gの成功を許せば、二ブランドのいずれかは恐らく死ぬ、あるいは両方ともそれまでの地位を追われることを意味した。ミニッツメイドとトロピカーナは、シトラス・ヒルの参戦を単に強敵が現れたというだけでなく、天下分け目の決戦と見ていたようだった。

P&Gにとっても、小さなおしめメーカーが群雄割拠《ぐんゆうかっきょ》しているところにパンパースで殴り込みをかけたり、モップ市場にスイファーで飛び込んでいくのとは勝手が違った。巨大で、資金力が豊かで、しっかりと地歩を築いている二つの競争相手に挑む構図だった。残念ながら、P&Gにとってオレンジジュース戦争は手痛い経験となった。シトラス・ヒルは競合二ブランドに対してついぞ大した戦果は上げられず、一〇年後、苦渋の撤退を強いられた。傷口に塩を塗るように、ブランドは売れず、そっくり放棄するしかなかった。唯一の救いは、その後にかつての競争相手にカルシウム添加技術をライセンス供与してちょっとした利益を上げられたことだ。二社とも、自社商品の付加価値を高めるために、いそいそと金を払ったのだった。

二〇年後に話を戻そう。インプレスが競争面でクロロックス・カンパニーのグラッドやSCジョンソンのサランラップなどの有力ブランドに対して競争力があることは自明だった。しかしいずれも、しっかり根付いた製品ラインを持つ強力なブランドであり、また家庭用品や清掃用品の伝統的なライバル企業の製品でもあった。ごみ袋の競争相手は、トップ商品であるグラッド、そしてレイノルズ・グループ・ホールディングスのヘフティだった。P&Gにとっては、巨大で有能な組織が後ろ盾となっている有名ブランドが占拠する確立した市場に殴り込むことを意味した。そしてコークやトロピカーナと同じく、クロロックス、SCジョンソン、そしてレイノルズは、いずれもP&Gに足がかりを与えることの危険を良く察知しており、必死で抵抗してくることは明らかだった。さらに、インプレスやごみ袋技術を製品化するには巨額の設備投資が必要で、P&Gにはこの分野の設備を持った経験がなかった。

つまりP&Gは、必勝法が見いだせずにいた。消費者は製品を気に入った。技術は独自かつ圧巻。だが技術と製品だけでは、厳しい競争環境と巨額の投資が必要な環境では勝てないのだ。P&Gは、とにかく製品を発売して苦しい競争環境を何とかやっていく代わりに、全く別の勝利を目指すことにした。それまでもP&Gは、自社に使い道のない技術はライセンス供与していた（シトラス・ヒル撤退後にカルシウム添加技術についてそうしたように）。だが潜在的な市場規模の大きさを考えると、自社発売とライセンスという両極以外の道が望まれた。ジェフ・ウィードマンは、消費者へのより大きな価値と競争優位性を生み出す、第三の道を見いだす使命を帯びた。

「ラップ市場の競争相手とも話し合いました」とウィードマンは回想する。「プレゼンテーションをし、この技術を競合入札で供与すると話しました」。様々な指し値と条件が寄せられた。最も面白かったのは、クロロックスからのそれだった。一九九九年、クロロックスはP&Gに競り勝ってファースト・ブランズを買収し、グラッドを手に入れた。当時のザ・クロロックス・カンパニーのグループ副社長だった（現在は上級副社長でありCOO〈最高執行責任者〉）ラリー・ペイロスは言う。

「グラッドは買収当初から非常に難しい状況でした。製品に特徴がなく、原材料コストは上がっていたからです。グラッド事業で最大の商材はごみ袋でしたが、ヘフティのような攻撃的な競争相手や、使い勝手の変わらないストア・ブランドとの競争にさらされていました。食品貯蔵容器のグラッド・クリング・ラップやグラッドウェアは、トップブランドであるジップロックとの競争に押されていました。事業は苦戦しており、長い目で見れば大幅な製品改良と投資が必要であることは明白でした」[3]。

だがクロロックスには、P&Gのような研究開発能力も巨大な規模もなかった。さらに、もしP&Gの技術が競争相手の手に渡ったらどうなるかもわかっていた。だからクロロックス陣営は、異例な熱意で提携の拡大を求める提案攻勢をかけてきた。

「単なるライセンス契約に留《とど》まらないより広範なパートナーシップを求める理由は、様々にありました」とペイロスは振り返る。「P&Gは技術の宝庫です。いくつもの数十億ドル規模市場で技術革新を起こしています。その中には袋やラップに応用できる技術もあります。P&Gの新旧技術を私たちのカテゴリーに導入できれば、とても大きなメリットがあります。当初は、ちょっと妙な話し合いでした。直接の競合相手と話し合うことは、クロロックスにとっても初めてでしたから。JV（ジョイントベンチャー）の形式や構造は、全く未知数でした」。つまり、あるカテゴリーでは緊密なパートナーシップを組み、その他のカテゴリーではつばぜり合いを続けるということだった。

ウィードマンにとっても、これは正真正銘のイノベーション（革新）と言うべき強力な戦法選択だった。ライセンス契約料の入札でも、いくつか良い札が入っていた。だがクロロックスと組むことは、社の内外への高らかな宣言となった。「たいていの人はイノベーションと言えば、分子化学など技術開発のことを思い浮かべます。ですがこの商談は、大きな広がりを持つビジネスモデルのイノベーションでした」。

トップからの強い後ろ盾を得て、ウィードマンはクロロックスとのＪＶを作った。経営権を握ったのはクロロックスだった。Ｐ＆Ｇ側は技術供与と二〇名の人員（主に技術者だった）をＪＶに派遣する見返りに、グラッド事業全体の一〇％と、所定の条件でさらに一〇％を取得するオプション（選択権）を手に入れた。製造、流通、営業、広告など事業の運営主体はクロロックスである。Ｐ＆Ｇにとって初めて、経営の主導権を放棄する契約となった。

このベンチャーは二〇〇三年一月に発足し、翌年一二月には、Ｐ＆Ｇはいそいそと追加の一〇％取得を実施した。ＪＶ商談がまとまった時点でのグラッド事業の規模は四億ドルだった。それからの五年間で、プレッスン・シール（インプレスを改名）とフォースフレックスを主原動力に、一〇億ドル以上にまで成長した。Ｐ＆Ｇにとっては経済的にも重要な契約となったが、根本的なアプローチはもっと重要だった。もはや経営権や覇権にこだわる古い体質ではないという強いシグナルを発信することになったのだ。競争相手と協力して競争のない分野でトップに立つやり方は、大きな意味を持ち、タイド・ドライクリーニング事業のような斬新なパートナーシップなどの類例を生んだ。

新しいフィルム・ラップ技術の開発によって、Ｐ＆Ｇは一連の戦場選択、戦法選択に直面した。問題は、これらの技術を生かして、単なる市場参入に留まらずに、いかにして勝つかだった。斬新な勝利の方法、自社独自の戦い方が問題だった。その結果が、クロロックスとの、新たなパートナーシップだった。それが両社をより強くし、一〇億ドル規模市場でトップブランドを生んだ。

戦場選択は、戦略の核心をなすワン・ツー・パンチの第一打だ。第二打が、戦法選択である。勝利とは、顧客や消費者に対して競争相手よりもより良い価値を生み出し続けることである。マイケル・ポーターが三〇年近くも前に明言した通り、そのための一般的な方法はたった二つしかない。コストでリーダーシップを取ること、そして差異化である（これら二つの戦略のより細かな経済的基盤については、補遺Bを参照）。

低コスト戦略

低コスト・リーダーシップとは、その名が示唆している通り、競争相手よりも低いコスト構造によって高い収益を得ることだ。市場価格一〇〇ドルの携帯端末メーカーABCの三社を考えてみよう。いずれも互換可能な製品を作っているので、一社が値上げをしたら、多くの消費者は他社製品に流れるだけ。B社とC社はコスト構造が等しく、原価六〇ドルで製品を作っているので粗利は四〇ドルである。A社は同等の製品を作っているが、コスト構造が四五ドルと安く、五五ドルを稼いでいる。この例では、A社はローコスト・リーダーであり、他社に比べて劇的な優位性を持っている。

ローコストな会社は、必ずしも最低価格を提供するとは限らない。競争相手よりも値下げしてもいいし、利益を様々に再投資して競争優位性につなげる選択肢もある。マースはこの良い例だ。一九八〇年代以来、マースはキャンディーバー市場でハーシーに対してはっきりとしたコスト優位性を持っている。製品ラインを工夫して、超高速製造を可能にしたためだ。さらに原材料もおおむねより安価なものを使い、これら二つの選択によって製造原価を大きく引き下げた。ハーシー他の競争相手は、製造方法を統一せず、より高い原材料を使ったため、製造原価が高かった。マースは製品を安売りするのではなく（コンビニエンスストア業界の商慣習上、ほとんど不可能である）、全米のコンビニの最も目立つ棚を買い占めた。そうする経済的余裕がないハーシーは、なすすべもなかった。この投資のおかげでマースは、巨大な競争相手だったハーシーの主要なライバルへと成長し、市場占有率トップの座をうかがうようになった。

デル・コンピュータも当初は、似たような戦法を使った。デルはＰＣ（パソコン）業界において、競争相手よりもはるかにコスト優位性を持っていた。サプライチェーン（供給網）と流通方法の選択によって、コンピュータ一台当たりざっと三〇〇ドルもコストが低かったからだ。競争相手はコンピュータの製造と流通により多くの費用をかけていた。デルはこの利益の一部を消費者に還元し、競争相手のおおむね同等の製品よりも安く提供した。この強みを生かしてデルは記録的な短期間で市場トップのシェアを獲得し、ゲートウェイ、ＨＰ（ヒューレット・パッカード）、コンパック、ＩＢＭらのシェアを大きく食った。当時三〇〇ドルのコスト構造の違いは、デルに圧倒的な優位性をもたらした。一九八四年にマイケル・デルの大学寮の一室から始まった事業は、一九九九年には一〇〇〇億ドル以上もの規模に成長した。

どんな会社もコストをコントロールしようとはするが、いかなる業界でも飛び抜けてコストの低いローコスト・プレーヤーは一社しかない。たいていの会社よりもコストが低いが業界最低ではない立場なら、しばらくは粘れるものの、勝てはしない。低コスト戦略で勝てるのは、本当に低コスト体質を築きあげた会社だけである。

差異化戦略

低コストとは別のもう一つのやり方は差異化である。差異化戦略で成功した会社は、消費者にとってはっきりと価値の高いものを、おおむね同等のコスト構造で提供できる。先のABC三社の例で言えば、いずれもが一台六〇ドルの原価で製品を作っている。だがA社、B社の製品は一〇〇ドルで売れるのに対し、C社の製品は品質やデザインで優れているので一一五ドルでよく売れるとする。この場合、C社は一五ドル多い粗利が取れ、競争相手よりもはるかに有利になる。

この戦略では、様々な製品はそれぞれなりの価値を提供し、それに応じた価格で売れることになる。いずれのブランドや製品も、具体的な消費者層に向けての具体的な価値提案につながる。製品の明確な価値と消費者の個人的な価値観が合致すると、忠誠心が生まれる。例えばホテル業界では、ある消費者はサービス重視のフォーシーズンズ・ホテルズ・アンド・リゾーツを愛顧する一方で、別の消費

図4-1｜低コスト戦略と差異化戦略で異なる価値の構造

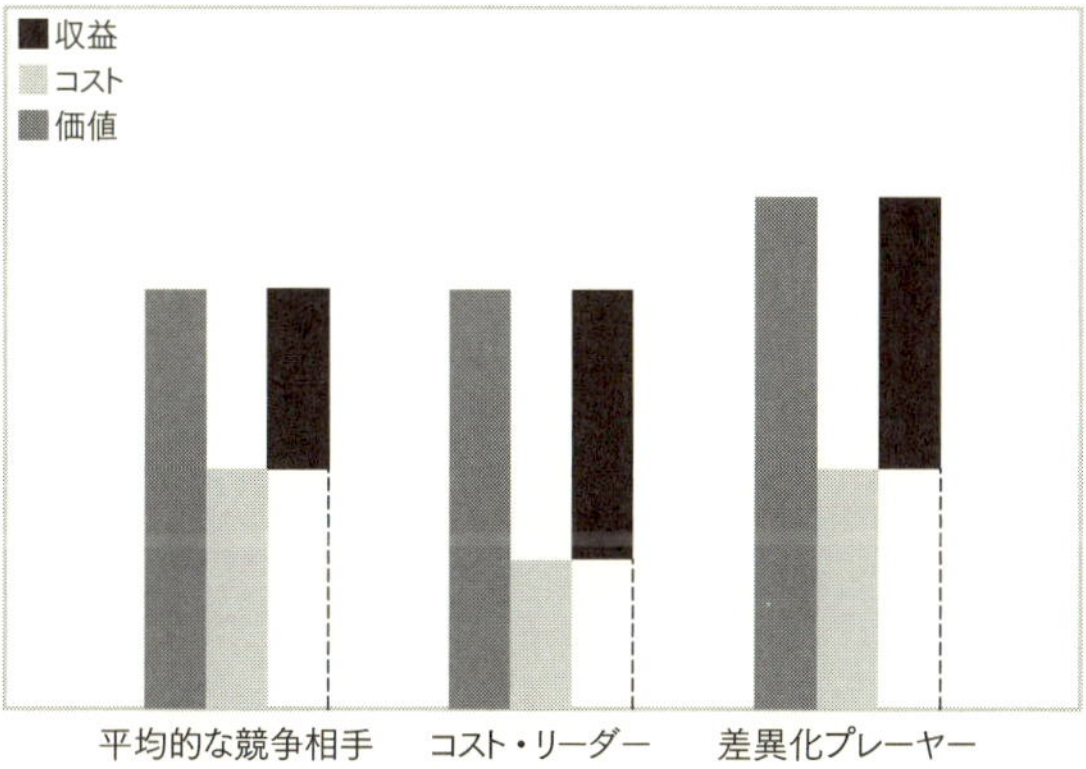

者はより独特な体験を提供するニューヨークのライブラリー・ホテルを好む。製品やサービスの違いは、デザイン、性能、品質、ブランディング、広告、流通その他の企業活動が生んでいる。消費者にとっての価値をめぐってより深く差異化するほど、高い価格が得られる。スターバックスがカプチーノで三・五ドルを取れ、エルメスがバーキンのバッグに一万ドルの値札をつけられるのはこのためだ。いずれの場合も、製造コストとはほとんど関係がない。

差異化プレーヤーも様々である。トヨタは製造効率への専心ぶりから低コスト戦略企業と見られがちだが、実際には差異化戦略企業である。製造効率の高さは、高コストな日本の製造環境を補う必要に迫られた結果であり、実態は差異化が戦略だ。トヨタは米国市場で競合他社より自動車一台当たり数千ドルも高く売れるが、製造原価はさして変わらない。売れ筋であるカムリとカローラは品質、信頼性、耐久性で優れているとの評判を取っており、かなりのプレミアム（上乗せ）価格を稼げる。こうした優位性があるため、もしトヨタが米国市場でシェアを伸ばしたければ、値下げをしても収益は確保でき、競争相手はとても対抗できない。またプレミアム価格で稼いだ金の一部を装備の充実に充ててもよく、そうすれば差異化戦略をいっそう進められる。

成功する戦略は全て、低コスト戦略か差異化戦略かのいずれかである。いずれも競争相手の追随を許さないほどの収益拡大をもたらし、持続的な勝利の優位性につながる（図4－1）。これこそ全ての戦略にとっての究極の目標である。

戦略は大別して二種類あるが、その採用法は様々だ。場合によっては、二つとも同時に採用することもある。この場合は、競争相手に比べて大幅なプレミアム価格と低コスト構造を得られる。このデュアル戦略アプローチはまれだが、企業がシェア面で大幅な優位性を持ち、スケールメリット（規模の効果）を強く働かせたコスト構造を持っている場合に実現できる。メインフレーム・コンピュータの全盛期のＩＢＭは古典的な例である。現代ではグーグルとｅベイがそうだ。Ｐ＆Ｇも、洗濯洗剤、女性用ケア商品、フレグランスなどの事業領域では、市場のトップ企業としての差異化とグローバルな規模を生かしたコスト構造の両方を持つ。しかしたいていの場合、市場は動的であり新たな競争相手が革新的な価値提供の方法を試みるので、低コストと差異化の両方を追求する企業は、早晩いずれかを選ばなければならなくなる（日立や富士通マイクロエレクトロニクスがはるかに強力な低コスト戦略で市場参入してきた際のＩＢＭや、ｅベイがクレイグスリスト他のサービス参入によってそれを

図4-2　低コスト戦略と差異化戦略でやり遂げなければならない仕事

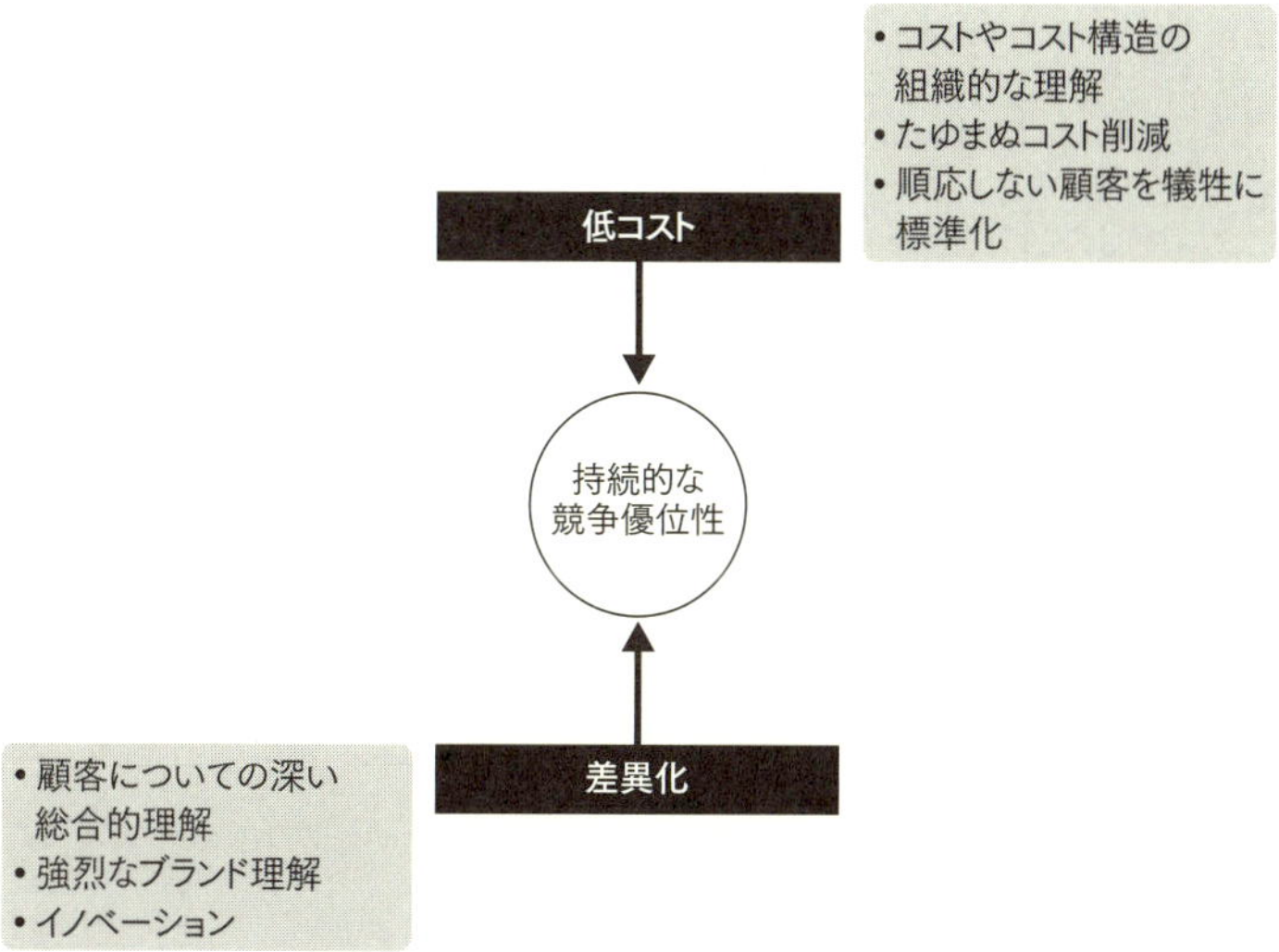

強いられたように)。コスト・リーダーシップと差異化の両面を追求するのは非常に困難だ。いずれもが市場に対する、しごく具体的なアプローチを必要とするからである(図4-2)。

コスト・リーダーと差異化プレーヤーの仕事ぶりは大きく違う。コスト・リーダーは、常にコストを切り詰めていく。差異化プレーヤーは、常に消費者に対する理解を総合的に深め、よりユニークな奉仕法を考え続ける。つまりコスト・リーダー企業ではたゆまぬコスト削減、差異化企業ではブランドづくりに励み続けるのだ。

消費者観や扱い方も、大きく違う。コスト・リーダー企業では、現在提供している製品やサービスとは違う特別なものを求める消費者は、コスト効率追求のための標準化のために切り捨てる。差異化企業では、消費者が何か違うものを求めているようなら、それを満たす新製品やサービスを提供する。そしてもし顧客が離れてしまったら、それはその企業にとって戦略の失敗を意味する。要するにサウスウエスト航空とアップルの違いに過ぎない。サウスウエストに「シートセクションをもっと前に移動してほしいね、預けた荷物は乗り換え便に積み替え輸送してくれ、シカゴではミッドウェイ空港ではなくオヘアの方がいいな」と言う顧客がいれば、会社側は「どうぞユナイテッドをご利用ください」と言うだろう。アップルの顧客が「このiPad（アイパッド）はきれいだね」と言えば、アップルは次世代製品はもっときれいにしなくてはと張り切るだろう。

低コスト戦略でも差異化戦略でも、明確な違いを目指さなければならない。競争相手と同じ製品づくりをしていてコスト・リーダーにはなれないし、競争相手と瓜《うり》二つの製品を作っていても差異化プレーヤーにはなれない。長い目で勝利を収めるには、熟考の上、想像力豊かな勝利の判断をしなければならない。そうすることで、顧客に対して競争相手以上の価値を提供できるのだし、競争優位性を生み出せるのだ。

競争優位性は、防御手段になるだけでなく、競争相手よりも高い収益ももたらしてくれる。その収益を、それが得られない競争相手と戦うために費やすこともできる。低コストや差異化は単純なコンセプトに見えるかもしれない。だがそれに忠実であり続けることは容易ではない。業務効率の高さや顧客のひいき度を誇る企業は多い。聞こえは良いが、純粋な低コスト戦略やプレミアム価格販売が実現できない限り、取るに足る戦略とは言えない。P&Gでは、様々なカテゴリーや市場で、差異化戦略によってプレミアム価格を実現している。

様々な勝ち方

この一〇年間、一人勝ち戦略が根付き、信頼を集めてきた。これという必勝法を見いだし、非常に大きなシェアを取って市場全体を支配するまで優位性を発揮し続けるという概念だ。トヨタ、ウォルマート、デルなどがよく例に引かれ、他にマイクロソフト、アップル、そしてグーグルなどの名も上げられた。だが、一人勝ちと言われて久しい頃、ウォルマートは片やターゲット、もう一方ではダラーストアなどに食われ始めた。デルは復活したＨＰにシェアを蚕食され、今ではｉＰａｄなどのタブレット端末に市場のハイエンドを、レノボやエイサーなどの安価な輸入品にローエンドを食われている。トヨタは今も世界の厳しい自動車市場で戦っているが、シェアは一五％に満たない。マイクロソフトは、別のＯＳ（基本ソフト）上で動くタブレットやスマートフォンに猛追されている。アップルはアンドロイドと激しく戦っている。グーグルはフェイスブック（交流サイト）に苦戦している。そしてもちろん、いまやグーグルとアップルも競争している。いつまでも通用する完璧な戦略などはない。ほとんどどんな業界でも、勝つための方法は多様である。だから戦略的思考能力を育むことがとても大切なのだ。

そしてそれは窮地を脱する助けにもなる。Ｐ＆Ｇの洗濯洗剤ゲインはかつて、市場から締め出されかけていた。南部の数州で流通していただけだったのだ。実際、一九八〇年代後半、ゲインのブランドマネジャーだったジョン・リリーは当時のCEO（最高経営責任者）ジョン・スモールに、このブランドの発売中止を薦めるメモを送っている。スモールはそのメモの上の余白に「ジョン、もう一度やってみてくれ」と書いてリリーに送り返した。スモールはメモの内容については反論しなかった。ただ、ゲインに最後のチャンスを与えてやりたかったのだ。たとえそれが、可能性の低い賭けであったにしても。

ブランドマネジャーをエレーニ・セレゴスに替えたゲインのチームは、戦場と戦法の選択からもう一度やってみることにした。またもや消費者調査から手をつけた。市場の圧倒的なトップブランドはタイドで、汎用的《はんよう》洗剤としてのポジションを支配していた。だが消費者セグメンテーションのデータは、タイドにも他のどんな商品にも満足していない、小さいが熱心な消費者層がいることを示していた。この層が気にしていたのは、洗濯時の香りだった。洗剤そのもの、洗濯中、そして何より洗い上がった洗濯物の香りについてである。こうした消費者は、香りを洗濯した証明と受け止めていた。当時、芳香追求者向けにポジショニングされたブランドはなかった。芳香追求者とは、製品を開封した瞬間の劇的で強烈な芳香体験から、洗濯や乾燥の間、そして衣類だんすにしまった後まで香りを気にする人々である。ゲインはこのニッチ（隙間）にアピールできそうだった。

ゲインを芳香追求者向けにポジショニングできたのは、P&Gが様々な製品カテゴリーで蓄積していた経験のおかげだった。既に述べた通り、P&Gは世界最大のフレグランス企業である。フレグランス市場でしっかりと活動しているのみならず、事実上全てのP&G製品には明確な香りがあり、ユーザーに独特の好ましい使用体験を提供していた。こうした能力を生かして、芳香追求者向けに使用過程の全てを通じて明確な芳香を放つ製品づくりができたのだ。パッケージも明るい色調で、「大胆で強い香りがお好きならこの製品をどうぞ」と製品のメリットをはっきりと謳《うた》い上げるものに変えた。店頭ツールや広告でもこの点をアピールした。ゲインは米国とカナダでしか売られていないにもかかわらず、今では一〇億ドル級ブランドに育っている。弾みをつけたのは、勝つ方法を見つけ出せ、最後のチャンスを、というスモールの後押しだった。

ファブリーズも、新たな勝ち方を見いだした一例だ。P&Gはホームケア事業のテコ入れとカテゴリー全体の育成に手を焼いていた。かつては磨き掃除製品市場で、コメットやスピックン・スパンなどのブランドを擁し、強いポジションを持っていた。だが戦場選択の一環としてこれらのブランドを譲渡し、ホームケアの焦点を絞り直すことにした。新たな消費者と製品セグメントや製品技術に、それも買収によらず自社開発で取り組むことにしたのである。こうした新製品の一つが、繊維など軟らかいものに吹きかけて悪臭を取る独自技術に基づいたスプレーだった。悪臭を別の匂いで隠すのではなく、本当に除去できる、あまり前例のない革新的なエアー・フレッシュナーだった。

困ったことに、エアー・フレッシュナーのセグメントには、二つの強い先客がいた。レキット・ベンカイザー（エアウィックのメーカー）とSCジョンソン（グレイドのメーカー）である。いずれにとっても、これは中核的な戦略的カテゴリーだった。既存ブランドをP&Gに売ろうとはしなかったし、新規参入者には徹底抗戦する構えだった。だから戦法選択の課題は、既存商品への明確な優位性を持つ新技術を導入し、強い独自ブランドとして確立するにはどうすればいいか、だった。そのためには競争の激しい、エアー・フレッシュナーや悪臭除去市場から殴り込むわけにはいかなかった。

つまるところ、ファブリーズはこのために開発された技術だった。まずは勝機の見込める洗剤市場から攻めることにし、悪臭を取る機能を持たせた。その後、抵抗の弱いところから順に攻めていった。まずカーテン、カーペット、室内の装飾用品などの芳香剤として、次に家中の悪臭源、例えば運動靴やスポーツ用品などの悪臭分解剤として、最後に室内の悪臭分解や清涼芳香剤として、である。その過程で、サラ・リーからアンビパーを買収して、優れたファブリーズ技術を欧州やいくつかの新興市場に素早く展開した。結局ファブリーズは、一〇年がかりで選んだ戦場でリーダーシップを得た。

第3章で詳述したファイン・フレグランス事業も、戦場選択と戦法選択を統合する力をよく示している。P&Gがファイン・フレグランス事業に足を踏み入れたのは買収による偶発的な成り行きだったが、市場参入後は戦法を熟考した。業界の通例（ブランドに依存したプッシュ&チャーン・モデル〈商品を押し込んでは脱落していく市場構造〉の非常に季節性の強い事業で、P&Gの消費者知見、ブランディング技術、市場志向がほとんど生かせない）に従わず、新たな勝ち方を見いだしたのだ。ホームケアの時と同じく、最も抵抗の少ないところから攻めていった。最も競争の激しい女性向けのプレステージ（高級）市場ではなく、男性向け、若くスポーティーな香りである。調香師らとパートナーを組み、具体的な消費者ニーズやウォンツに即したブランドを作った。そうすることで、ファイン・フレグランス事業はP&G全体の戦法に組み込まれ、香りという消費者が気にする製品特性による差異化やグローバルな規模を生かす方法の一つになった。

ともすると、戦略とは一般的なものだ、特に戦場選択や戦法選択は消費者や競争相手と直接関わり合う対外的な部門のみに関わるものだと考えたくなる。だが、どんな部門も戦略は持たなければならない。全社的な戦略に沿い、それによって戦場選択や戦法選択を具体的に進めなければならないのだ。P&Gでは、あらゆる部署にこうして自らの戦略を策定させている。グローバル消費者知見オフィサーのジョアン・ルイスの説明によれば、「私たちにとって、戦場選択と戦法選択は、非常に重要な枠組みです。えてして、これらが二つの別々の判断であることを意識せずに、そのいずれかに通じていることがあります。かつては私たちも戦場が絞り切れていない時がありました。誰もが消費者について理解していなければならないし、どこでどうすれば価値が付加できるのかを知らなければなりません。会社全体が一度にあれこれと手を出したあげく焦点や成長性を削いでしまうのと同じように、私たち自身も持てる影響力を弱めていました[4]」。

そこでルイスらは、戦略をさらに深く考えるようになった。「全社的な判断は何か、事業部の判断は何か、消費者についての知見が会社の成功に役立つのはどんなところでか。会社に対する戦場選択を明確にしたのです。次に戦法を構築しました」とルイスは振り返る。「部門としては二つの面から戦法を選びました。一つは具体的な消費者や市場調査能力によって、事業上の判断に役立とうというものです。もう一つは、どんな組織構成にすればよいか、です。事業部や子会社の規模、どのような形態にすればよいかなどです」。他に有力な調査会社を雇うことも、そっくり外注することもできた。

だが消費者知見は戦法選択にとても重要だったので、この知財は社内に留めた。そして具体的なニーズに沿って新たな調査手法を考えることは社内でやり、標本調査やグループ・インタビューなど定例的な調査は外注することにした。ルイスらは、社内顧客との関係や市場を意識しながら、自らの職務のあるべき姿を考えた。これによって全体的な戦略を考えながら日常の判断をより的確に行えるようになり、職務能力を向上できた。P&GのGBS（グローバル・ビジネス・サービス）では職能ごとに最適なBPS（企業の安定性）を選ぶ外注戦略を取り、一方で中核的な能力はGBSでできる余力を得た。この根本的な戦法選択によって、GBSは社内顧客に対するサービスに集中し続けられるようになった。IT（情報技術）システムのコスト削減、非中核的活動の外注化、そして全社、事業部、職能ごとの戦略的選択の支援などである。

選択を強化する

戦場選択と戦法選択は別個に働くものではない。強力な戦場選択が機能するのも、しっかりとした戦法選択に支えられてこそだ。これら二つの選択は、互いに補強し合い、明確なコンビネーションを作る。オレイを考えてみよう。新たな戦場（三五歳から四九歳までの抗加齢スキンケア商品に興味のある人々）は、新たな戦法（ハイエンドのマスステージ・セグメントを量販店と共に老化の七つの兆しと戦う商品で攻める）に完全に合致していた。バウンティの場合、戦場を北米に限ったことで北米の消費者の様々なニーズに応えられた。グラッドのＪＶの例では、例えばＰ＆Ｇが自前で食品ラップやごみ袋を製造販売する戦場選択をしていれば、カテゴリーの性格や競争相手の反応によっては勝つのは難しかったかもしれない。だが競争相手とＪＶを組むという戦法選択によって、消費者にとってもＰ＆Ｇとクロロックスの両社にとっても、価値を生み出した。戦場と戦法を一緒に考えることで、全く独自のアプローチを生み出したのだ。

新興諸国におけるおしめ事業も好例と言える。二〇〇〇年頃までに、Ｐ＆Ｇでは様々なカテゴリーで新興市場にうまく食い込んでいた。ベビーケア事業部では、グローバルな戦略を持っていた。北米ではブランドの定義をより明確にし、欧州では市場トップの座を取り戻し、おしめ以外のベビーケア商品にも進出するというものである。こうした全体的戦略の一つに、新興市場への食い込みがあった。まずは人口動態的に最も魅力的なアジアから始めることにした。だが、この戦場選択に合致した戦法選択とはどんなものか？　Ｐ＆Ｇがアジアに参入し、そして勝利するにはどんな戦略が必要か？　そして新興市場戦略は、グローバル戦略とどう合致するのか？

それは難しい課題だった。世界中で売られているパンパースは、そのまま新興市場に持ち込むには値段が高過ぎた。こうした状況では、消費者製品企業は伝統的に二つの方法のうち一つを選んだ。一つはトリクルダウン戦略。すなわち、先進国ではもはやすたれてしまったような旧製品を新興国に持ち込む戦略だ。もう一つは、既存の高級品からできるだけコスト要因をはぎ取っていく方式だ。当時アジア及びグローバル特製品担当の副社長だったデブ・ヘンレッタは言う。「当時、北米や西欧で売られていたおしめのコストは一枚当たり二四セントでしたが、少しずつ要素を省き続け、一枚八セントから一〇セントほどに収めました[5]」。通常、こうしてでき上がった製品は帯に短し襷《たすき》に長しになる。だがヘンレッタらはそれを避けた。「全くの白紙から消費者本位に考え続けよう、消費者が実際におむつに何を必要としているのかを探り、そんな製品を作ろう、先進国で求められるような多機能品ではなく、彼らが必要としているものだけを考えよう、と思いました」。

具体的な成功の基準も設けた。「赤ちゃん用おしめ一枚当たり卵一つ分の価格を目指しました。これなら消費者にも手が届くからです。この値段で、より衛生的で赤ちゃんの健康増進に役立ち、また夜にはぐっすりと休める状態を目指しました。それらをまとめて、製品特徴としたのです」。

こうした白紙立案方式で製品開発するには、製品開発に新たな発想を要した。伝統的に、おしめであれ何であれ、重点は最新技術に置かれていた。だがこの製品開発では、ニーズは全く異なっていた。新興市場ならではの独特の消費者ニーズを、具体的なコスト指標の下に満たさなければならなかったのである。研究開発陣はこの発想の転換をやり遂げた。この結果、中国の急成長カテゴリーでトップブランドになった。

まとめ

戦場選択においては、地域、製品、消費者ニーズなど様々な重要な側面を考え、賢い選択をしなければならない。戦法選択とは、選んだ戦場でどう戦うかを決めるということだ。競争のダイナミクスや社の能力などは様々だから、これという唯一の戦法はない。まずは低コストプレーヤーになるのか差異化するのかの差がある。いずれにせよ、その方法は様々だ。コスト・リーダーになるなら、調達、設計、製造、流通、など様々な段階で強みを生み出せる。差異化プレーヤーなら、ブランド、品質、特定のサービスなどの点で大きなプレミアム価格を取れる。だが、どんな会社にとっても、これなら勝てるという唯一の戦法などない。単一の市場でも、戦い方、勝ち方は様々だ。戦法選択とは、戦場を背景に、広くも深くも考えることだ。

そして選んだ戦法に即した行動が欠かせない。コスト・リーダーシップと差別化では、やるべき仕事が違う。低コスト・リーダーになろうとするなら、大幅なコスト削減努力が必要だ。標準化やシステム化を核に、価値を生み出さなければならない。特別あつらえの活動はコストがかさむので、やってはいけない。差異化戦略においては、コストはやはり重要だが、社の焦点となるのは顧客だ。顧客をどうやって喜ばせるか、それによって高い価格をいそいそと払わせるかが重点課題だ。

戦場選択と戦法選択は、無関係ではあり得ない。最高の戦略の中心には相乗的な選択があるものだ。まず戦場を選んでから、次に戦法を選べばよいというものでもない。本書では説明を明確にするために別々の章を立てているが、それらは絡み合うものであり、一緒に考えられるべきだ。どんな戦法選択が戦場選択を生かすのか？　そしてどんな組み合わせが自社にとって最も道理にかなうのか？　それを基盤に、次は戦場と戦法の選択を支えるどんな能力が必要なのかを知る番だ。

戦法選択についてやるべきこと、やってはいけないこと

・未知の戦法を編み出せ。現在の社の構造に最適な戦法がないからといって、できないと思うな。大きな報いが期待できるのなら、やってみる価値はある。

・だが自己正当化もいけない。どんなに探しても戦法が見いだせないのなら、新たな戦場を探すか、降伏すべきだ。

・戦法を戦場と同時に考えよ。選択は相互補強的かつ他社の強い戦略的核心になるものであるべきだ。

・業界の慣習は固定的で不可変だと思うな。業界のあり方を生んでいるのは、業界内部のプレーヤーの選択かもしれない。それなら自分なりの選択で、業界慣習を変えられるかもしれない。

・戦法選択や戦場選択を、対外的な部署だけのものと考えることなかれ。内勤部門や支援部門でもこれらの選択はできる。

・上げ潮に乗っているのなら、ゲームのルールを自分で決めるか、よりうまく戦え。もしそうでなければ、ゲームのルールを変えてしまえ。

パンパース：P&Gにとって最も重要だった戦略教訓

A・G・ラフリー

一九五〇年代後半、P&Gの研究者だったヴィック・ミルズは、孫の布おしめの洗濯にうんざりしていた。もっと良い方法があるはずと考えた彼は、まだ揺籃期《ようらんき》だった使い捨ておしめについて調べ始めた。その頃の使い捨ておしめは、米国で毎年数十億回は替えられているおしめ市場の一%にも達していなかった。

世界中から第一世代の使い捨ておしめを取り寄せて研究し、いくつかの試作品も作ったが、市場調査の結果は不調だった。一九六一年一二月、イリノイ州ペオリアで三層構造(外側にプラスチック製のシート、吸水性物質の中間層、内側の撥水《はっすい》シート)の長方形の試作品をテストした。だがこれも、おしめそのものは好まれたが、一枚一〇セントでは高過ぎた。それから六回の消費者調査をし、さらにデザインや技術を改良し、全く新しい製造工程を編み出した後に、とうとう一枚六セントのおしめを作り出した。

社ではこのおしめをパンパースとして売り出した。[a] 一九六〇年代から一九七〇年代を通じて、パンパースは布おしめのユーザーを使い捨ておしめのユーザーに転換して、質量共に大きなシェアを確立した。事実上、新たなカテゴリーを作り出し、そこでトップシェアを楽々と得たのだ。顧みれば、パンパースの物語は戦略的な洞察とビジョンの好例である。満たされていない消費者ニーズを満たすより良い商品、より優れたユーザー体験、そしてより良い総合的な消費者価値である。ピーター・ドラッカーの言葉を借りれば、パンパース赤ちゃん用おしめは「顧客創造」をしたのであり、競争相手よりもうまく彼らに奉仕した。一九七〇年代半ばには、パンパースは米国で七五％のシェアを取り、世界七五カ国に展開していた。

だが一九七六年に転機が訪れた。この年、P&Gは第二のおしめブランドのラブスを発売した。これは砂時計型のパッドに伸縮性のあるギャザーをつけたおしめだった。ラブスはパンパースよりもフィット性、吸水性、そして装着感に優れ、価格も三〇％高かった。なぜ既存ブランドの改良やライン拡張ではなく、新ブランドを導入したのか？　第一に、当時の社の方針はマルチブランド戦略だった。カテゴリーごとに新商品を新ブランドで出す方針だったのだ。そしてこの戦略は、洗濯洗剤他のいくつかのカテゴリーではうまくいくように見えた。第二に、新設計はコスト高で、かなりの設備投資も必要とし、小売価格を二〇％高くしないと見合わなかった。会社としては、既存のパンパースブランドの高級ラインとして発売して消費者がついてこなかった場合を恐れた。だからパンパースには手をつけず、新デザイン商品はラブスという高級ブランドで売り出すことにしたのだ。

残念ながら、見込み違いだった。消費者はほぼ常に、改良製品がより高い値段で売り出されたら買わない（試しさえしない）と言うものだが、実際には製品や使用感がはっきりと優れていてプレミアム価格に見合った価値があれば、えてして気が変わるのである。ラブスにとってもそうで、パンパースの売り上げは落ちた。そこに新たな脅威が現れた。一九七八年、キンバリー＝クラークがハギースを発売したのだ。ラブスのような砂時計型でよりフィット性が良く、テープでとめるシステムもより優れていた。新発売の勢いをつけたハギースは、すぐに三〇％の市場シェアを取った。一方、ラブスの発売はP＆Gに新たな消費者をほとんど呼び込まず、パンパースのシェアを食っただけだった。P＆G全体を併せればトップシェアだったが、パンパースもラブスも単独ブランドとしてはハギースの後塵《こうじん》を拝した。

そのころ米国業務の統括に就いた後のCEOジョン・ペッパーは、一連のグループ・インタビューを見ていて「冷や汗をかいた」と振り返っている。ハギース、ラブス、パンパース……どのおしめのユーザー被験者も、砂時計型を好んだ。母親たちの結論は出ていた。だからP＆Gも腹を決めた。一九八四年、CEOジョン・スモールは、パンパースも砂時計型にする許可を出し、ウルトラ・パンパースが生まれた。砂時計型で、独自の新技術による吸水ジェルを使い、ウエスト部分には漏れ防止用シールド、足回りにも伸縮性と通気性のためのギャザーをつけた新製品である。おしめの新ライン製造と運転に五億ドル、そしてマーケティングや販促にさらに二億五〇〇〇万ドルを投資した。ウルトラ・パンパースは成功だった。大半のパンパース・ユーザーを新世代デザインに引き継ぎ、ラブスを超える市場シェアを取ったという意味でなら。しかし米国で、ハギースに対して明確な勝利は収められなかった。そしてパンパースとラブスとの食い合いの救いにもならなかった。事実上、この二つの製品は瓜二つであり、社はそれから一〇年も、広告で差異化を図り続ける（が手を焼く）ことになった。一九九〇年代に入ってから、ラブスはついによりシンプルで基本的な量販ブランドにリポジショニングされた。

CEOエド・アーツは、一九九〇年代初頭に教えた戦略論のクラスで、パンパースの教訓を次のようにまとめている。

①製品イノベーションが、個別のブランドに特有のものか、カテゴリー全体に通じるものなのかを見極めよ。現在のブランド・ユーザーを、製品がこうだからといって移行させてはいけない。パンパースに砂時計型の形状とよりフィット性の高い特徴を一〇年もの間持たせなかったことで、五世代もの新規ユーザー層を逃してしまった。

②競争相手はこちらの技術に追従し、少なくとも同等の、あわよくば上回る製品を出してくる。技術的優位性だけでは持続的ではない。

砂時計型のラブスはパンパースにとって戦略的な困難となっただけではない。一九八〇年代後半、P&Gはプルオン式（ズボンのように引っ張って履く）おしめも見送った。一方でハギースはプルアップス・トレーニング・パンツを発売し、新しい大きなセグメントを作り出し、そこでトップ商品になった。この商品は一枚当たりの単価が高く、キンバリー＝クラークのおしめ事業の商品でも抜きんでた収益性をもたらし、テープどめ式商品との競争の軍資金をもたらした。アジアでは、ユニチャームが同じようにプルオン式おしめ技術を武器に本国日本、次いで近隣数カ国で大きなシェアを席巻した。

ジョン・ペッパーが著書『本当に大切なこと』（未訳）で述べているように、一九八〇年代後半にプルオン式に投資しなかったのは、ウルトラ・パンパースへの消費者移行に力を注いでいたからだった。[b] 社は問題を逐次解決していく考え方に支配されていて、足元の問題に経営資源を全て投入した。今得られているリターンと将来への投資とのバランスを欠いていた。消費者の好みを読み間違え、投下資本とプレミアム価格に気を取られ過ぎ、競争相手を見くびっていた。もし消費者についてもっと良くわかっていたら、これまで二〇年の間市場の三セグメントで競争できたはずだ。

P&Gのおしめ事業の歴史は、戦略的課題の連続だった。製品設計と技術、消費者の読み違え、競争相手の革新的な戦略的選択などだ。だが正しい戦略的思考をすれば、まだ勝機はあった。今日のパンパースは世界の使い捨ておしめの二五〇億ドル市場において売り上げ八〇億ドル、市場シェア三〇%以上のトップブランドである。ハギースはざっと二〇%ほどだ。これはおおむね、欧州他の市場で、パンパースブランドのフランチャイズに集中したおかげである。おしめ事業は成長と価値創造の大きな原動力だ。P&Gも、そこそこうまくやってきたのである。

私は職業生活を通じて、ベビーケア以上に競争の激しい業界を見たことがない。消費者の要求は厳しく、目ざとく、あっという間に浮気をする。消費者ベースが三年ごとにそっくり入れ替わっていく。赤ちゃん用おしめは、両親が買い物かごに入れる品物の中でも最も高価な商品の一つだ。競争は激烈である。小売店も競争相手だ。事実上全ての大手小売店は若いファミリー層に最も力を入れており、たいていPB（プライベートブランド）も提供している。新興市場では、市場は着実に成長しており、布おしめを使っていたりおしめをそもそも全く使っていない赤ちゃん向けの大きな市場可能性がある。利害も大きい。巨額投資を必要とする事業であり、常に製品や機械の陳腐化の恐れがある。大きな価値創造を可能にするだけの競争優位性を維持する勝利の選択も欠かせない。赤ちゃん用おしめ戦争は続く。最高の戦略が勝つのだ。

---

a. パンパースの物語は、様々な角度から何度か語られている。Oscar Schisgall, ***Eyes on Tomorrow*** (Chicago: G. Ferguson, 1981), 216–220; Davis Dyer, Frederick Dalzell, and Rowena Olegario, ***Rising Tide: Lessons from 165 Years of Brand Building at Procter & Gamble*** (Boston: Harvard Business School Press, 2004), 230–239; and John E. Pepper, ***What Really Matters: Service, Leadership, People, and Values*** (New Haven, CT: Yale UniversityPress, 2007). などを参照。

b. 出典 Pepper, ***What Really Matters.***

第5章

強みを生かす

たいていの企業合併は価値を生み出せずに終わる。大きな買収ほど、成功しにくいようである。AOLタイムワーナー、ダイムラークライスラー、スプリント＝ネクステルそしてクエーカー＝スナップルズなど警告的な前例も多い。いずれも、相乗効果の触れ込みは実現せず、価値は創造されるどころか破壊され、シェアは急落した。スナップルズの例では、クエーカーは一九九五年に一七億ドルも出して買収し、第二のゲータレードにすると意気込んだ。それから三年も経たずして、はるかに縮小したスナップルズをわずか三億ドルで厄介払いした。タイムワーナーはAOLを一九〇〇億ドルと見込んで買収したが、それからちょうど一〇年後、わずか三〇億ドルでスピンオフした。[1]

ではP&G（プロクター・アンド・ギャンブル）が二〇〇五年にジレットを買収した時には、どうやってこの轍《てつ》を避けられたのか？　この買収劇は単純どころか、むしろ複雑な部類だった。ロンドンの『サンデー・タイムズ』の記事いわく、「売り上げ一一〇億ドルのジレットを五七〇億ドルのP&Gが買収し、三万人の従業員をP&Gの一〇万人の従業員に加え、八〇カ国での事業を一六〇カ国での事業に統合[2]」するものだった。だがこの買収では、二年間で二〇億ドル以上の費用削減を実現し、統合後も継続的に大きな収益の相乗効果が得られている。ジレットはP&Gにとって際立って大きな価値創造買収となり、株主に約束した以上の価値を生み出した。

この買収成功の源は、当初の機会検討にさかのぼる。二〇〇九年にCFO（最高財務責任者）を最後に引退したクレイト・ダレイは、P&Gはいかなる買収も三つの基準で評価すると述べている。第一は、「成長を加速するものでなければなりません。スペース、カテゴリー、セグメント（区分）、地域、流通チャネル（経路）などの点で平均以上に成長している（そして今後も成長し続けるであろう）市場でなければならず、そこで当社が市場の成長以上とは言わないまでもそれ並みには成長できると見込めるものです[3]」。これは第一の、そして最もはっきりしたハードルである。第二に、買収案件は構造的に魅力的でなければならない。つまり「粗利や経常収益の点で業界や企業の平均以上のペースで伸びている企業です。着実にフリー・キャッシュフロー（純現金収支）を生み出せる企業を探しています」。フリー・キャッシュフローはP&Gの企業にとって重要な価値創造の原動力である。そしてこれら二つのハードルを乗り越えたら、三つ目のハードルが待っている。この基準を組織的に考える企業はほとんどない。その買収と、社の戦略すなわち勝利のアスピレーション（憧れ）、戦場や戦法の選択、能力群、経営システムなどの親和性、である。

ジレットは、マッハⅢ、ビーナス、オーラルBなど強力なブランドを持っていた。これはP&Gの美容及びパーソナルケア事業にとって重要なプラスになり、キャッシュフローにも大きく貢献する。だが、とダレイは言う。「次の問題は、P&Gはこの買収に何をもたらせるか、この買収は我われの競争優位性の源泉にどれだけ親和性があるか、です」。親和性は極めて良かった。戦場選択については、ジレットは男性用と女性用のいずれともシェービング用品のトップブランドを持っており、歯ブラシでも世界的なトップブランドを持つ。いずれもそのままP&Gの中核的事業になるだけの規模だ。さらに美容ケア用品やパーソナルケア用品で成長するという戦略的選択にも適合していた。さらに地理的には、新興市場において補完的で、P&Gがプレゼンス（存在感）を築きつつあった市場（ブラジル、インド、ロシアなど）で優位に立てるようになる。戦法選択については、ジレットのブランド・ビルディング技術、製品開発力、核心的技術、小売商品化ノウハウなどは、P&Gの全社的な選択とよく合致した。

だが考えなければならないことは、これだけではなかった。ダレイは言う。「結局のところ、買う側として、買収してより大きな価値を生み出せるのかどうか、ということでした。買収が成功するのは、それまでより良い所有者になるか、あるいは独立させておくよりも良い会社にできる場合だけです。その決め手は通常、能力です。私たちの場合なら、消費者知見、ブランディング力、R&D（研究開発）、市場攻略力、グローバルなインフラ（社会基盤）、後方部門の能力などです。買収した会社をより良くし、より早く成長させ、それまでよりも大きな価値を生み出せるような能力や力を投入できるか、ということです」。要するに、買収する会社とP&Gの能力との戦略的な相性が重要なのだ。

ジレットと戦略的カスケード

ジレットのGBU（グローバル・ビジネス・ユニット）統合は、男性用グルーミング用品担当社長だったチップ・バージが統括した。MDO（グローバル市場開発組織）を統括するボブ・マクドナルドと広報部門統合を統括するフィリッポ・パサリーニも協力した。バージが振り返る。「多くの買収劇は、成功している会社が不振の会社を救済合併するというものですが、この場合は違っていました。

これは成功している会社が、成功している会社を買おうという案件でした」[4]。バージは、ジレットに足を踏み入れた初めてのP&Gマンだった。買収契約がまとまって一〇日後、彼はボストンへと飛んだ。「私の当初の仕事はおおむね、ジレットをP&Gに連結することでした。パイプをつなぎ、万事順調であることを確認し、業務を続けさせ、ジレットのCEO（最高経営責任者）ジム・キルツ他の経営陣と一緒に働きながら、現地で彼らの事業を学ぶことでした」。

九カ月後、バージはいよいよ正式に、刃物及び剃刀《かみそり》事業を引き継いだ。当初は「ジレットの男性用グルーミング用品戦略の踏襲を考えていました」と彼は振り返る。「そうする理由には事欠きませんでした。ですが、変革の余地もたっぷりとありそうでした。強みはそっくり温存するが、後はP&Gの中核的能力を注ぎ込む姿勢を示したかったのです。このとても魅力的で収益性の高い事業の成長に勢いをつけたいと思いました」。つまりジレットとP&Gの能力を相乗的に用い、勝つために必要な能力を確保するということだった。

既に述べた通り、P&Gの戦場と戦法の選択における五つの中核的能力とは、消費者知見、ブランドづくりのノウハウ、研究開発能力、市場攻略能力、そしてグローバルなスケールだ。これらの能力をジレットの事業に生かすことが、まず念頭にあった。買収後の初めての会合から、バージはP&Gの戦略フレームワークをジレットのDNA（遺伝子）に組み入れ、ジレットの選択カスケード（滝）を生み出そうとした。戦場選択と戦法選択がはっきりすれば、そのために必要な能力を考えられる。

P&G傘下のジレットの戦場と戦法選択は、ほどなくして浮き彫りになった。まずは発売直前の高級製品ジレット・フュージョンによって男性用シェービング用品市場で明確な勝利を収めること。第二は、ジレットのブランドを生かし、そこにP&Gの美容及びパーソナルケア製品開発能力を投入して男性用パーソナルケア商品、例えばデオドラント剤やシャンプーなどを開発すること。三番目は、ウェット・シェービング商品、除毛用品、脱毛剤など女性用脱毛商品でも勝つことだった。四番目の戦略は、新興市場とりわけインドの販促だった。

これらの選択には、明確な能力を必要とした。おしめの場合と同じく、新興市場を戦場に選ぶには、相応の慎重な戦法を選ぶ必要があった。新興市場向けの剃刀を開発しなければならず、そこにP&Gの深い消費者知見や世界最高水準の製品開発能力が生きた。

P&Gの店頭及び家庭内での観察に基づいた徹底した質的な消費者調査は、ジレットにとっておおむね目新しいものだった。バージは、新興市場の消費者をそっくり見直すようにと指示を出した。彼はボストンでの会議のことを振り返る。それはジレットが新興市場（この場合はインド）向けにゼロから製品開発する皮切りとなった。「ロンドン郊外にある上流部門開発研究所のリーディング・テクニカル・センターの研究者、ボストンの研究者、マーケティング担当者、市場調査担当者が一堂に会し、三日かけて仕事のマッピングをしたのです」。

バージの指示は単純だった。「まずやってほしいのは、インドで二週間過ごすことだ。消費者と生活を共にしてきてくれ。彼らの暮らしに入り込み、どのようにひげそりをしているか、ひげそりが生活にどう溶け込んでいるかを調べてきてくれ」。リーディング・センターの上級研究者に、人望の厚い優秀な人物がいた。彼は指令に納得していなかったようだった。「彼はおずおずと手を挙げ、言いました。『チップ、どうして私たちがインドに行かなければならないのです？　イギリスのリーディング研究所の周囲にも、インド人は大勢住んでいますよ。彼らをリクルートすればいいのでは？』」。だがバージの決心は揺るがなかった。経験上、実際にインドの地でインド人の生活に触れることの大切さがわかっていたからだ。だから彼は、チームをインドに送り出した。結果は充実していた。数カ月後、件《くだん》の研究者は製品開発会議でバージに近寄ってきた。「彼は言いましたよ。『本で写真や物語を読むのもいい。だけど、本当に理解できるのは、現地に行ってこそです。ある男と三日間、一緒に行動し、買い物に行き、彼が床屋に行くのも、ひげを当たる姿も観察しました。消費者の暮らしを改善するという会社の使命宣言も腑《ふ》に落ちました……気が逸《はや》って、ロンドンへの帰路の機内でナプキンの裏に剃刀のデザインを描き始めたくらいです』」。その研究者は目を潤ませていたとバージは回想する。

彼は現地で初めてインド人消費者のニーズを本当に理解し始めた。研究室では理解できないこと、ロンドンでは得られない知見がある。たいていの場合、剃刀は先進国での使用環境を前提に作られている。大きな洗面所でいつでもちゃんとお湯が出る環境だ。だがインドではさにあらず。彼らが見た男たちの多くは、コップ一杯の冷水でひげを当たっていたのである。刃を洗う温水がなければ、細かなそりくずで目詰まりして、ひげそりははるかに難しくなる。ジレットの新製品は、この難しい課題に挑戦するものだった。それはインド人消費者のニーズを満たすために作られた専用製品だった。やがてジレット・ガード・レザーと呼ばれるようになったその製品（機上のナプキンに描いた設計に似ていた）は、一枚刃で、切れ込みを防ぐための安全コームと簡単に洗えるカートリッジが付いていた。[5] 値段は一五ルピー（およそ三四セント）で、替え刃は五ルピー（一一セント）。[6] ちなみに米国で売られている最高級製品ジレット・フュージョン・プロ・グライドは一〇・九九ドルで売られ、替え刃は一つ三ドルである。[7] 発売後三カ月で、ガードはインドで最もよく売れる剃刀になった。運任せにせず、消費者理解と製品開発を統合した一連の能力を通じての勝利だった。インド人消費者と関わり合い、そのニーズに従うことで、彼の必要や生活体験を理解できたのだ。

CIO（最高情報責任者）のパサリーニにとってジレット買収の成功とは、また違う角度からのものので、課題はシステム統合だった。二社の巨大企業、二つの異なるIT（情報技術）システムを、すんなりと統合するということだ。「ジレットの統合は一五カ月でやりました」と彼は、誇りをにじませた口調で言う。「通常なら三、四年はかかる仕事です。一日当たり四〇〇万ドル相当です」。[8] このためにはITインフラをめぐる規模とイノベーション（革新）を見直す必要があった。規模に圧倒されずむしろそれを生かすために、パサリーニは、チーム構成、パートナーシップ・モデル、仕事全体をそっくり変革した。職務を固定しないフロー・ワーク方式を編み出したのだ。こうして大所帯のITチームが機敏に動けるようになった。チーム員たちは、システム統合に必要な能力を持っていた。パサリーニは、彼らがそれを発揮できるシステムを作ったのだった。

買収に当たっては、ジレットの戦略とP&Gのそれの親和性を熟考した。問題は両社を統合して本当の戦略が描けるか、明確な勝利の計画が立てられるかだった。社風の相性も考えた。ジレットも、勝利と中核的価値についてP&Gと同じアスピレーションを持っていた。そして生産的に協力し、事業システムや対外的システムも割合に短期間で統合できそうだった。コスト削減の相乗効果や将来の成長力などの価値も生み出せそうだった。えてして買収においては、統合や相乗効果、リーダーシップに気を取られる。だが相乗効果は戦略ではない。

戦略こそ最も大切なのだ。P&Gとジレットの戦略的相性は良く、ジレットの能力はP&Gのそれとうまく適合すると信じられた。共通項を基盤に、P&Gは必要なら新たな能力も獲得できそうだった。これらの強みを全て生かして初めて、ジレット買収という巨額案件は意味をなした。全ての利害関係者の納得を得るのは骨が折れたが、P&Gがしかるべき能力を投入するなら、世紀に一度の戦略的機会であることは明白だった。

能力や活動システムを理解する

組織の中核的能力群を最大限に発揮すると戦場選択や戦法選択に命が吹き込まれる。これは企業活動を補強するシステムであると考えるとわかりやすい。ハーバード・ビジネス・スクールのマイケル・ポーターは、強力かつ持続可能な競争優位性（例えば業界最強の営業チームとか、最高の技術など）は、何らかの単一の能力から生まれることは少ないと論じた。適合性が高く（そりが良く）相互に補強性のある（単独で用いられるよりも、互いをより強くする）能力群から生まれるものだというのである。

ポーターいわく、企業の「戦略的ポジションは、それを実現するための一連の活動によって成り立つ[9]」。彼はこの活動群を図示したものを**活動システム**と呼んだ。「競争戦略とは、異質であるということだ。独自の価値を生み出すために、意識的によそとは違う一連の活動を実行することを意味する」。だから、ある会社の活動システムは、他社のそれとははっきりと違っていなければならない[10]。一九九六年の記念碑的著作『戦略の本質』（ダイヤモンド社）でポーターは、サウスウエスト航空、プログレッシブ保険、ザ・バンガード・グループなどを例に自説を展開し、組織が独自の選択をしていること、それを実現するのが独特の活動システムである様子を描いている。

活動システムとは企業の競争優位性を図示したもので、中核的能力を一枚の紙にまとめたものだ[11]。この戦略プロセスにおいてはまず、企業の中核的能力群を明示することが重要だ。このためには、戦場と戦法を選んで企業の投資分野や重点分野を明確にしなければならない。それによって企業は、能力維持のための投資を続けられ、他の能力を培え、戦略に必須ではない能力への投資を止められるようになる。

二〇〇〇年、P&Gは戦場選択を明確にした（すなわち、中核的能力から成長し、ホームケア、美容ケア、ヘルスケア、パーソナルケアへと進出し、新興市場へと進出すること）。戦法選択もまた、明確になった（消費者中心のブランド・ビルディング能力、革新的な製品設計、グローバルな規模と小売店とのパートナーシップをうまく使うこと）。これらの選択は、それを実現するための一連の能力を必要とした。

始まりは管理職の合宿だった。事業や職能ごとにグループにし、社の強みを議論させたのだ。丸一日じっくりと話し合った彼らは、一〇〇以上もの潜在的な強みを洗い出し、チャートにまとめた。どの事業についても、業界特有の必要能力が浮き彫りになった。

絞り込む必要があった。翌朝、一グループ当たり三票を与え、社の中核的能力と思うものに投票させた。投票基準は次の通り。その能力は測定可能であり、Ｐ＆Ｇが既に持っていると考えられ、今後さらに差をつけられそうなものであること。第二に、社業の大半に関係があり、重要であること。すなわち、事業ごとにではなく、全社レベルで競争相手に差をつける能力であること。第三は、勝敗の決め手になるような能力であること。要するに問題は、参入している競争領域において勝つために持たなければならない能力とは何か、だった。

能力の基準は勝利だった。企業は様々な力を持ち得るが、強みになる能力、戦場と戦法の選択を下支えする能力は限られている。Ｐ＆Ｇにとって、製造能力を持つことは当然だが、勝利の決め手ではない。一方で、消費者理解、研究開発、そしてブランディングなどの点では、明らかに強くなくてはならない。中核的能力を洗い出す際には、一般的な強みと、必要不可欠で相互補強的な能力とを峻別《しゅんべつ》する必要がある。相乗的に競争優位性を生み出すような中核的能力に重点投資しなければならない。

能力というと、ともすれば単に得意なことを思い描き、その周りに戦略を築こうとしてしまう。この発想が危険であるのは、今得意であることが将来も重要であるとは限らず、また競争優位性につながる保証はどこにもないことだ。むしろやらなければならないのは、アスピレーションを設定し、そのための戦場と戦法を選択することだ。次に、こうした選択に即して能力を考える。勝つために、何をやり始めるべきか、やり続けるべきか、やめるべきかを知ることができるのは、この方法のみである。

会議の二日目の朝、次の五つの中核的能力が絞り込まれた。

①**消費者知見。**消費者や彼らの満たされないニーズを知り、競争相手よりも良いソルーション（解決）を生み出す。換言すれば、消費者本位で価値を生み出すのだ。

②**ブランドの育成、強化。**強い価値を生み出し、長寿ブランドを開発・育成する。

③**広義でのイノベーション。**先進的な材料科学に基づいたR&Dと画期的な新製品の開発能力に留《とど》まらず、ビジネスモデル、社外とのパートナーシップ、そしてP&Gの事業のやり方そのものまで革新すること。

④**消費者及びサプライヤー（供給者）との協力関係及び市場開発能力。**P&Gとパートナーを組んで事業計画に参加し、共に価値を生み出そうとさせること。

⑤**グローバルな規模。**購買力やブランド間の相乗効果、世界中で適用可能な能力を最大化するために

図5-1 プロクター＆ギャンブルの活動システム

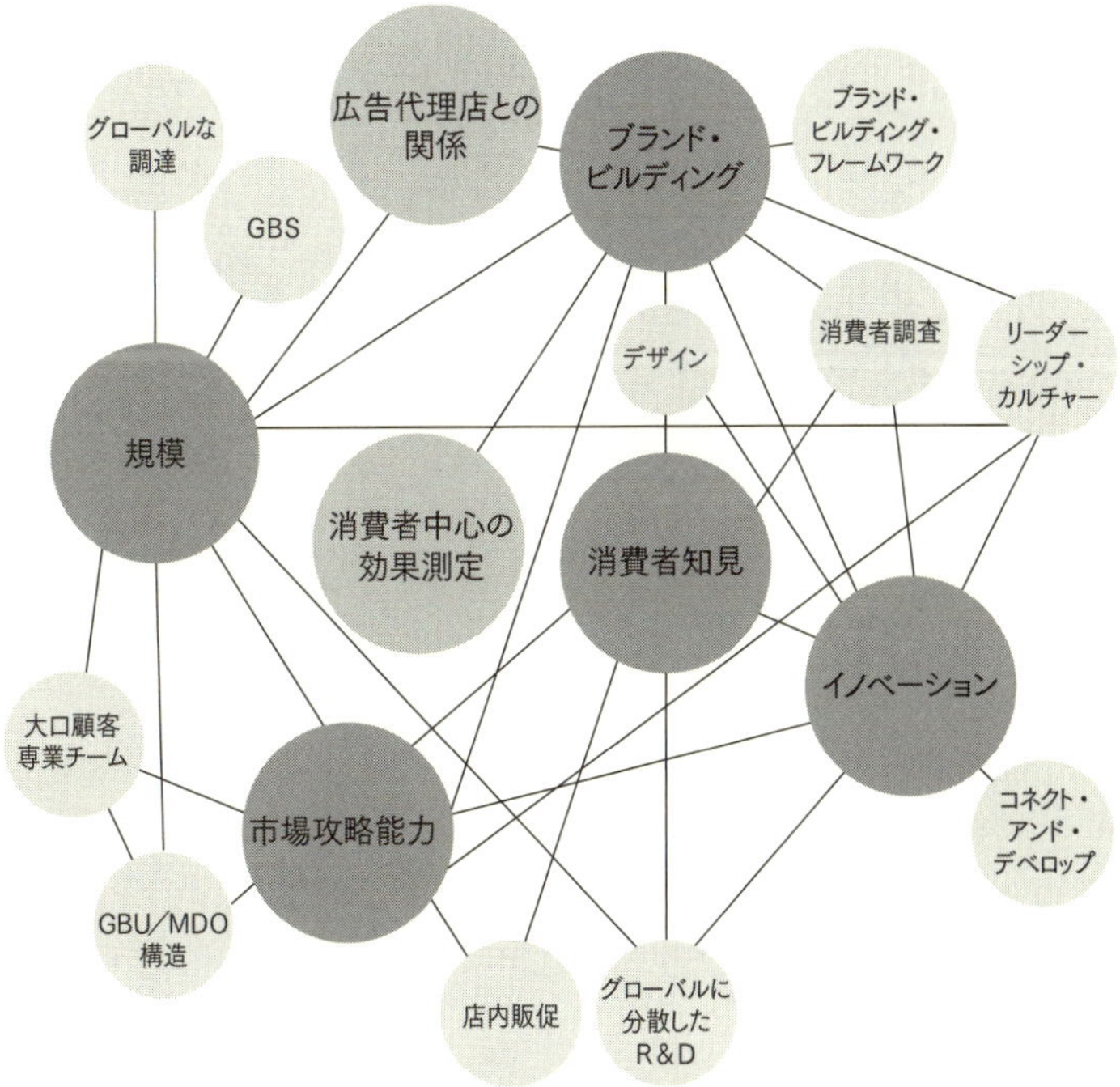

全社一丸となること。

これらの能力を洗い出したチームは、それぞれの競争優位性を強化するために投資の対象をじっくり検討した。五つの能力ごとに、全社、カテゴリー、ブランドの各レベルで競争優位性を生み出すための行動計画をまとめたのだ。

それから一〇年、この能力選択がP&Gの戦略的選択を導いた。五つの能力が全社的な活動システムの基盤となったと言っていい。ポーターに学んだ活動システムは、勝つために必要な中核的能力、それらの関係、それらを支援する活動を明らかにし、このマップ（図5－1）が戦場選択と戦法選択を支えた。

このシステムでは、中核的能力は大きめの円で、そしてそれらの間の線は相乗的な関係を表している。これが活動システムの特徴である。全体がいかなる部分よりも強くなるのだ。例えば消費者知見とイノベーションとの間には、強い関係がある。P&Gのイノベーションは、有意義であり競争優位性をもたらすために消費者本位でなければならない。目標は、消費者ニーズを技術開発で実現することだ。イノベーションはさらに、革新的な新製品によって小売パートナーからの期待を保つ点で、市場攻略能力とも結びついている。だがこれも、製品開発を通じて、小売店と消費者の両者に目配りし続けてのことだ。消費者にとって素晴らしい製品を開発しても、小売店の店頭で売れなければ意味はない。そしてもちろん、イノベーションとは小売店との関係にも関わり、売り場づくりや納入効率の改善を含む。

相対的に小さな円は、中核的能力を支援する能力を示す。例えば規模は、社内組織の構成に支えられている。P&Gでは、GBUがカテゴリー、ブランド、製品を統括し、世界的規模で全体的な一貫性をもたらしている。同時にMDOは、大陸、地域、国、流通チャネル、顧客ごとの具体的なニーズや欲求に応じる。GBUとMDOが協力することで、グローバルなアプローチに地域的な応用性や適応力が生まれ、必要に応じてスケールメリット（規模の効果）と機動性を両立できる。規模はまた、グローバルな調達やGBS（グローバル・ビジネス・サービス）にも支えられている。さらに、大口顧客専業チーム（テスコ担当やウォルマート担当など、具体的な顧客の専業チーム）、広告代理店との関係（P&Gは世界最大の広告予算を持つ）、そして顧客を中心にした効果測定システムを可能にし、それに支えられてもいる。巨大な規模や活動量のおかげで、P&Gはいずれの分野でも競争相手よりもより多くの資源を確保でき、より良い業績を生み出すことができる。

活動システムは、具体的な戦場や戦法の選択に支えられていなければ価値がない。やはりカスケードの様々な選択を反復的に考え、その間を行き来しなければならないのである。まず暫定的に戦場と戦法を選ぶ。次に、どんな活動システムならこれらの選択を下支えできるか、と考える。こうしてシステムのマップを描いたら、実現性、独自性、防御可能性などを考える。

実現性については多面的に検討する。既にどのくらいが実現しているか、またいないのか？　必要な能力を獲得する資金があるか？　これらを考えてみて実現性がないと思ったら、戦場と戦法の選択から再考しなければならない。

実施できそうなら、競争相手のシステムと似ていないかを考える。これは重要な点だ。異なる戦場と戦法を選んでいる競争相手が、瓜《うり》二つの能力群やそれを支える活動を持っていたなら、相手はあなたの戦場や戦法に進出し、競争優位性に食い込んでくる。活動システムに独自性がないのなら、独自の戦場、戦法、そして活動マップが得られるまで改訂することだ。ポーターが言うように、必ずしも全ての要素が独自であったり、模倣不能である必要はない。これは能力の組み合わせであり、活動システムが総体としてまねできなければよいのだ。

活動システムの実現性や独自性については、競争相手の行動に対して防御力があるかどうかも検討する。システム全体を簡単にまねできたり、容易に覆されてしまうようなら、戦略全体の守りが弱く、有意義な競争優位性を生まない。こんな時は、戦場選択、戦法選択に立ち戻り、容易にまねできない強い活動システムを見いださなければならない。

つまり目標は、戦場や戦法の選択を下支えする、統合的で、相乗的で、実効性があり、独自で、防御性のある能力群を開発することである。この点でP&Gの活動システムは合格である。これが実施可能であることは既に時が証明している。P&G版オープン・イノベーションのコネクト・アンド・デベロップメント（つなげる＋開発する）、デザイン、グローバルに分散したR&D、GBSなどにも投資した。活動システム全体も独自である。競争相手が一部の活動を持つことはあっても、全部が重複することはない。ロレアルは強力なブランド力と革新的なデザインを持つが、P&Gの規模からすれば微々たるものだ。ユニリーバは規模の点でP&Gに比肩し得るが、P&Gのような市場攻略力は持っていない。同社の組織は、グローバルな組織を基盤にするのではなく、国ごとに組織されているからである。消費者調査や製品開発にP&Gほど力を入れ、これほど多くの新商品を様々なカテゴリーで投入している競争相手もいない。また、P&Gの活動システムは防御力がある。システム全体を模倣し、能力群全体でより優れた力を発揮できる競争相手はいない。だからと言って、ただちにP&Gがより優れた戦略を持っていることにはならない。既に述べたように、任意の業界での戦い方は様々である。どんな競争環境においても、中核的能力に裏打ちされた戦場や戦法の選択はいろいろだ。

消費者製品産業では、Ｐ&Ｇの戦略も成功しているものの一つに過ぎない。

組織内での様々な能力

単一の製品ラインやカテゴリーしか持たないなら、全社の中核的能力群や活動システムが一つしかないかもしれない。だが複数のブランド、カテゴリー、市場を持つ企業の場合、全社的な選択に即しながら、個々の事業ごとに戦場や戦法の選択をすることになる。通常なら次に、全社的な活動マップを念頭に、事業単位ごとに自らの選択を支える活動システムを持つ。換言すれば、組織内で能力群が層を成していくことになる。

Ｐ&Ｇでは、ベビーケアの能力群は、洗剤やスキンケア事業のそれとは違っている。ベビーケア事業にとっては、出産したばかりの母親をいち早く獲得するために、病院での製品サンプリング、看護師やヘルスケア施設との関係は重要である。スキンケアや洗剤事業には、これに直接的に相当するシステムはない。洗剤事業チームも、スキンケア・チームが必要とするファッション編集者や皮膚専門医との関係はいらない。そしてＧＢＳや欧州担当ＭＤＯにとって必要な活動システムは、ブランドやカテゴリー段階で必要とされるそれとは違う。

しかしこうした活動システムの間に全く共通性がないようなら、事業ポートフォリオ（構成）内に親和性がない兆候と言える。企業が、個々の事業ごとよりも会社としてより大きな価値を実現するた

図5-2｜相互補強的な柱

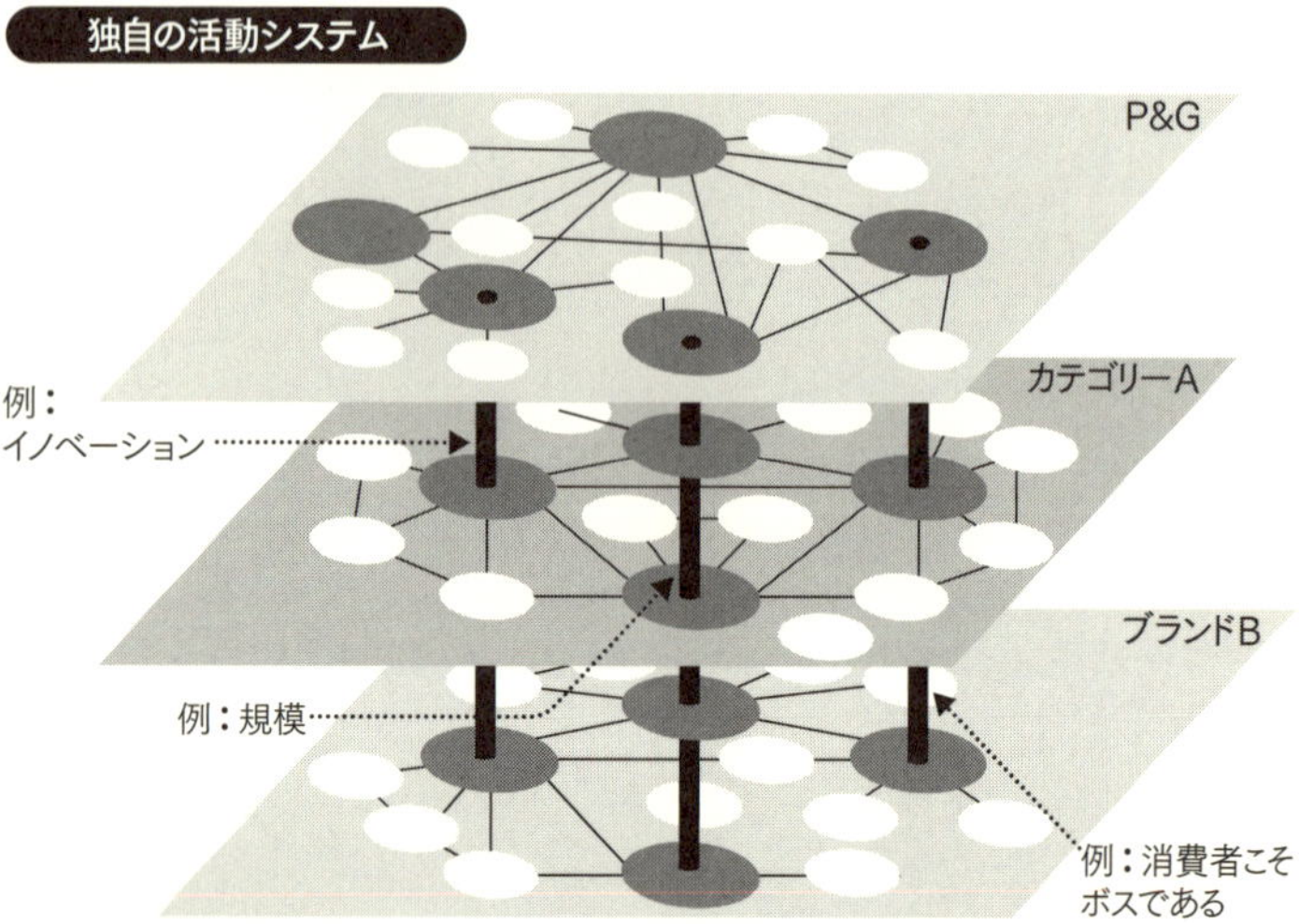

めには、事業間にも全社と事業の間にも、中核的な活動群に共通性がなければならない。活動システムは総じて、全社的な中核的能力との間に少なくともいくらかの能力や活動の整合性を持たなければならない。様々な事業間や全社を串刺しにするこうした共通の能力が、あたかも建物の各階を縦貫しつつ支え合う柱のように社を一体にする（図5－2）。

先のベビーケア、洗剤、スキンケア、GBS、欧州MDOの活動システムはいずれも独自で、P&Gのそれともいくらかは違っているが、それらに貫通する**相互補強的な柱**がある。例えば、全社的な五つの中核的能力は全て、ベビーケア事業にとっても重要である。ITその他の中央支援サービスを提供するGBSにとって、規模とイノベーションは重要だ。欧州MDOにとって市場攻略能力が大切であることは言うまでもなく、消費者知見や規模についてもしかりである。既述の通り、P&Gの消費者知見、イノベーション、そして規模は、ジレットにとっても大切だ。システム間のリンクは、ブランド、カテゴリー、セクター、機能、そして全社的な競争優位性を、個別で働く場合以上に強くするために欠くことができない。

複層的戦略

中核的能力は組織の様々な段階ごとに存在しているだけに、どこから手をつけていいか迷う。企業戦略からか、それとも事業戦略からか。とどのつまり、完全なスタート地点はないし、これは一本調子に進む仕事ではない。ちょうど戦略的カスケードを考える時に各段階を行き来しなければならなかったように、段階間を行き来しなければならない。だが、この仕事の役に立つ原則が少なくとも三つある。

①不可分活動段階から始める

活動システムに手をつける際に、次の条件を満たしていれば、正しいスタート地点と言える。その活動システムが一段下の水準の活動システムとおおむね似ている一方、組織の一段上に比べれば有意義な違いがあることだ。例えばヘッド&ショルダーズの場合なら、ブランドの一段下は個別の製品

（ヘッド&ショルダーズ・クラシック・クリーン、ヘッド&ショルダーズ・エクストラボリュームなど）だが、製品の活動システムとブランド段階でのそれには、ほとんど違いがなく、個別の製品の差も小さい。だが一段上のヘアケア・カテゴリーでは、毛染め剤のナイスン・イージー、整髪ジェルのハーバル・エッセンスなど各種の製品を擁しており、活動システムは大きく異なっている。ヘッド&ショルダーズのマップは、薬用成分をめぐる研究開発力によって強化される。一方でナイスン・イージーの場合は、製品ラインナップ、ディスペンサー、そして染髪力の研究開発力が重要だ。ヘアケア・カテゴリー全体の活動システムは、こうした下位のエッセンスを捉えられるような全般的なものであり、またそれを上位に結びつけるものでなければならない。

こうした最下位段階のマップ（ヘッド&ショルダーズやナイスン・イージーなど）を**不可分活動システム**と呼ぶ。これよりも下位では明確な活動システムのマップが成立しない一方、これよりも上位には複数の明確なマップの集団が独自のシステムを形作っているからだ。組織によって不可分活動システムが異なることもある（例えば、不可分活動システムが必ずブランド段階になるとは限らない）。だがどんな企業も、そこでの直接的な競争相手と、それと戦うための能力を明確にしなければならない。活動システムを最下層——不可分段階——から構築し始め、上位へと移行していこう。なぜかって？　不可分段階の活動が、上位の活動の原動力となっているからだ。

②下位段階に競争優位性を与える

不可分段階よりも上位の段階は、何らかの競争優位性を生み出す集合でなければならない。集合は必ず、不可分段階の活動が単体で働いていた場合には発生しない財務的・管理的コストを伴うので、全社的な戦略は、そのコストを上回るメリットを下位システムに与え、何らかの方法でその競争優位性を強めるものでなければならない。

ある段階でメリットを生む方法は二通りある。第一は、活動の共通化。例えばヘアケア・カテゴリーは、全ブランド共通の機能である洗浄、コンディショニング、整髪などの基礎研究を巨大な研究所で行うので、個別のブランドのR&Dコストを最小化でき、大きな力を発揮できる。第二は、上位集団がスキルやナレッジ（知識）を投入して価値を生み出すということである。例えば個別のブランドを管理するために経験豊かな管理職や研究者が必要だった時、カテゴリー内部でそうした人材を手配できれば、そのブランドに貴重なスキルを投与したことになる。

段階ごとの管理職は、それを柱にして下位段階に価値を与えられるような独自の活動システムを最大限に追求しなければならない。彼らの主な職務は、下位段階が共通活動やスキルの移行によってよりうまく戦えるようにすることだ。これは、どのようにして価値を付加するかを明確にし、持てる資源を集中投入することを意味する。下位段階のためにならない活動は、価値を損なうのでできるだけ削り落とす必要がある。例えば、ヘアケア・カテゴリーが活動の共通化やスキル移管によって価値を下位段階のブランド（ヘッド&ショルダーズ、ナイスン・イージー、パンテーン、ハーバル・エッセンスなど）に与えられないのなら、集合として存在価値がないので廃されるべきだ。

③競争優位性を強化するために下位のポートフォリオを拡張・縮小すること

上位集合の第一の仕事は下位段階の支援だが、第二の仕事は、その支援に適合するよう下位のポートフォリオを拡張・縮小することである。ポートフォリオの拡張に当たっては、組織を補強する柱――組織全体を串刺しにして優位性を与える能力群――がもたらす力を生かして他の事業に進出できるかどうかを考える。例えばホームケア・カテゴリーのスイファーやファブリーズは、消費者知見やイノベーションという能力の柱を生かしてブランド拡張した好例である。満たされない消費者ニーズを知り、それを解決できる技術がなければ、いずれのブランドも存在しなかったことだろう。

同じく、補強柱がもたらすメリットが集団のコストに見合わなかった時には、ポートフォリオを縮小することも重要である。これらは、別の会社の事業ポートフォリオに組み入れたり、独立して行った方がよい事業だ。P&Gでは五つの中核的能力によって大きな競争優位性が得られない事業を次々と削減した。二〇〇〇年から二〇〇九年までの一〇年間に、年間およそ一五の事業を売却した。フォルジャーズやプリングルズなどの収益性の高い大型事業でも、長い目で見て社の競争優位性の維持に寄与しなかったので、切り捨てなければならなかった。いずれも強いブランドだったが、P&Gの量販ルート流通における製品開発においてあまり意味がなかったからだ。

ジレット：補強柱

ジレットの買収はどうして大成功したのか？　答えは補強柱だ。Ｐ＆Ｇの補強柱は、ジレットの活動システム、とりわけ最重要部門である男性用ひげそり事業にぴったりと整合したのである。五つの中核的能力が全て生きた。ジレットをポートフォリオに組み入れることで、Ｐ＆Ｇはこうした能力を共有し、また導入することで、本物の価値を生み出した。

規模を考えてみよう。両社は共にグローバルな広告主だ。ジレットは大会社だから、Ｐ＆Ｇの傘下に入っても広告コストに大した違いはないと思うかもしれない。だが実際には、合併後の規模を生かして広告コストは三〇％下がった。世界最大の広告主であるＰ＆Ｇがジレットにもたらした価値である。

市場攻略能力については、ジレットを大口顧客専業チームに組み入れることで、コスト削減と小売店との共同販促の両面でメリットがあった。またＰ＆Ｇの業界随一の小売店との共同商品開発能力をジレットにも応用した。

消費者知見やイノベーションについては、インドのひげそり開発に見られるような調査と研究開発能力を発揮した。さらにＧＢＳが機能したことで、両社の統合はいち早く円滑に完了した。

もちろん、ジレットも統合後にＰ＆Ｇに独自のメリットをもたらした。ジレットは新製品開発や商品試用を促す店内マーチャンダイジング（商品政策）のノウハウでは世界的リーダーである。また店内販促についても、ほとんどどんな売り場でも目立つ剃刀販促ツールを生み出せる。ジレットのマーケティングやマーチャンダイジングのスキルは、P&G側にも生かされた。

ジレットはもともと偉大な会社だったが、P&Gの五つの競争優位性のメリットを劇的に享受したことで成功した買収劇となった。もともとジレットもこうした分野で強みを持っており、相性がとてもよかったので、男女向けシェービング用品事業、オーラルB、デュラセルなどに貢献した。だがジレット傘下で電気シェーバーや小型家電を扱うブラウンは問題だった。P&Gの消費者知見、R&D、量販流通能力がそのまま生かせないからだ。男性用シェービング用品で価値が生み出すことができ、一方でブラウンに手を焼いたことは、多層的でカテゴリー横断的な補強柱の重要性を物語っている。

選択を支援する

戦場と戦法の選択から、その戦略を実現するにはどんな能力が必要なのかという疑問が浮かんでくる。

こうした能力群を図解するには、その戦略に則《のっと》って活動システムを準備すると役に立つ。組織にとって最も重要な活動をカバーする活動システムは、一枚の紙にマッピングできる。マップ上の大きな円は中核的能力、小さな円はそれを支援する能力群だ。

勝てる活動システムは、実行可能で、明快で、防御可能なものだ。これら三つの特質のいずれを欠く場合でも、戦場と戦法の選択まで立ち戻り、それらが得られるまで調整したり、あるいはゼロから考え直さなければならない。

競争優位性につながる能力群を明らかにするには、最も重要なことに集中的に取り組めばよい。こうした能力を育むためには、様々な仕事が必要なこともある。研修や研究開発、追加投資、支援システムの構築、さらに能力群を取り巻く組織改編までが必要なこともある。次章では、具体的な選択や、組織の能力を支援するプロセスを考える。

能力開発についてやるべきこと、やってはいけないこと

- 活動システムを議論し、修正せよ。活動システム立案は容易ではなく、数回ほどの試行錯誤は優にあり得る。
- 何かの能力について、それが中核的能力なのか支援能力なのかと、あまり気をもむ必要はない。自分が選んだ戦場や戦法を実現するために必要な活動群を手に入れることに集中せよ。
- 一般的な能力群で満足するな。自分の選択に合った独自の能力群を開発せよ。
- 自分ならではの独自の強みのために努力せよ。最強のライバルの能力システム（戦場・戦法選択）を分解し、自らのそれらと比較してみよ。自分の選択を本当に独自にするには、また価値を生むものにするには、どうすればよいのか考えよ。
・全社を念頭に、各層の活動システムを貫通し社をまとめる補強柱を探せ。
・自分の能力群の現状を率直に把握し、これからどんな能力を獲得すればよいかを考えよ。
・実現可能性、独自性、防御性を検証せよ。どこまで実行可能なのか、独特なのか、そして競争相手の反応に対して防御力があるのかを考えよ。
・不可分活動段階から手をつけよ。それよりも上位の全てのシステムは、勝つために必要な能力を支援するものでなければならない。

第6章

管理システム

戦略選択カスケード（滝）の最終段階は、最も顧みられていない。上級経営陣はえてして、戦略を立案し、重要なテーマを全社に通達すれば、速やかに明確な反応があるものと考える。だが戦略カスケードの全段階をしっかりとやっても、それらの選択と能力をしっかりと支援する経営システムを持たない限り、大敗を喫することがある。支援構造、システム、方法がなければ、戦略は実現性の不確かな願望に過ぎない。真の勝利は、戦略を立案し、レビュー（検証）し、伝達してこそ得られる。そして戦略の効果を得るには、具体的な経営システムが必要だ。これらによって戦略選択カスケードは完成し、組織全体が効果を発揮する。

戦略を立案・レビューするシステム

グローバル・ホームケア・プレジデントのデビッド・テイラーいわく、かつてのP&G（プロクター・アンド・ギャンブル）では、戦略立案とレビューなど「せいぜい社内儀式[1]」だった。彼はブランドマネジャーだった時代のレビューを振り返る。「室内に二五人ほどが集まりました。上司である副社長に広告代理店の社長、そしてデスクの両側に陣取るレール・バード（自称評論家）たちがね」。そして彼らを前に、ブランドマネジャーが一席ぶつ。「想定問答を五〇ほど書いたノートを手に、質問を聞いては、ああこれは二五番目、これは五〇番目という感じでした」。

さるCEO（最高経営責任者）は、重箱の隅をほじくるような質問攻めで悪名高かった。「ある人物に言われたことがあります。『レビュー会議での君の目標は、CEOに顔をつぶされないことだ。無事を祈る』とね。そしてもう少し出世してからは、別の社長に言われました。『君の仕事は会議の話題を戦略からそらすことだ。製品開発、広告コピー、何でもいいから彼を楽しませるネタを披露しろ。だが戦略だけには口出しさせるな』」。こうした事なかれ主義は、当時のP&Gに蔓延《まんえん》していた。

私たちはこれを一新したかった。予算請求、製品開発、マーケティング計画などについてではなく、戦略を中心に議論する必要を感じていた。CEOが事業部門の社長たちと協力し、その考えを逐一進めていけるような協力的な方法が必要と思っていた。防弾チョッキ着用の一方通行プレゼンテーションの場に、有意義な対話をもたらしたかった。問題を覆い隠すのではなく、おおっぴらに話し合いたかった。五つの戦略的選択を生み出し、レビューするための新たな経営システムが欲しかった。

長年CFO（最高財務責任者）を務めたクレイト・ダレイもやはり、一方通行のレビュー会議にうんざりし、「戦略的な選択肢や取捨選択を話し合いたかった」と回想する。別にトップがマイクロマネージ（事細かに差配すること）したいからではなく、上級経営陣や事業部の社長が持ち寄る様々な視点を理解したいからこそのアプローチだった。上級経営陣なら、様々な事業、職能、地域を通じた優れた戦略を改良して全社に生かす膨大な経験と、個々の事業についての深いナレッジ（知識）を両立できる――私たちはそう信じていた。広い視野と深い知識を併せると、膨大な力が得られる。

だが残念ながら、長年の習い性で、戦略レビュー会議はアイデア交換の場としてしか見られていなかった。完全無欠な戦略を構築し、それを死守するのが仕事だったのだ。戦略レビュー会議を一新する必要があった。あるいはダレイの言葉を借りれば、「戦略会議とは何であり、また何ではないのかをはっきりさせる必要がありました。戦略会議はアイデア会議ではありません。今後三年から五年の成長目標をどうやって達成するかを議論するものです。もっと活発な議論を促したかったのです」。

そこで、二〇〇一年秋に一大改革を断行した。それまでレビュー会議に臨む社長たちは、長々としたパワーポイントの資料を一枚一枚めくって読み聞かせていた。このやり方をそっくり改め、事業部から経営陣への堅苦しいプレゼンテーション形式ではなく、事前に重要な戦略的課題を絞り込み、それを議論する場にしたのだ。

事業部の社長は戦略的課題案を予め《あらかじ》出席者に文書で配布し、上級経営陣はそこから議題を絞る（あるいは別の議題を提案する）。そして事業部社長には一パラグラフのメモ（と必ず一枚以内の手紙）で議題が戻される。一度の会議で三つ以上の議題が議論されることはほぼなくなり、一つの議題に絞った会議もあった。これは三つの点で型破りな変化だった。第一に、もはやプレゼンテーションではなく、事前に合意した戦略的議題を議論する場になった。第二に、これまでのように二五人もの大所帯ではなく、事業部から四、五人、CEO、そしてこの戦略に具体的な知識と経験のある人物だけに絞ったこと。第三に、四ページ以上の新たな資料を持ち込んではいけないことにした。例のパワーポイント式の復活を防ぐためである。その事業の重要な戦略的問題だけを純粋に議論したかったのだ。

問題はえてして、いくつかの重要な点に絞られた。P&Gはこのカテゴリーで勝ちつつあるか？事業部は本当にそう思っているか？　どうしてそれがわかるのか？　最も有望な技術やR&D（研究開発）は何か？　そのカテゴリー、国、流通チャネル（経路）の魅力を脅かすものは何か？　その事業には、どんな中核的能力が欠けているのか？　最も厄介な競争相手は誰か？　戦略レビュー会議は、非常に基本的、根本的な疑問に関するもので、事業部チームがより良い戦略的選択ができるよう手助けすることを目的としていた。いくつかの戦略的重要課題を三、四時間かけて議論した。

この転換には三つの目的があった。第一に、より対話重視の社内カルチャーを育みたかった。第二に、上級経営者の経験や多事業横断的な視点を事業部門が本当に生かせるようにしたかった。そして第三として、戦略的課題の議論を通じて、戦略的思考能力を養ってほしかった。彼らは職務は見事にこなす。だが、戦略家としてもっと成長してもらう必要があった。練成した良い戦略があれば、事業運営の後押しになるからだ。困難な戦略的号令をかけられ、効率良く事業を運営できる多面的なリーダーたちが必要だった。環境がより複雑かつグローバルになり、競争も激化しているからだ。そこで戦略レビュー会議を再編成し、個人的にも集約的にも戦略的能力を発揮する場にした。

この変革は当初、大きな不安を持って迎えられた。しかし会議は望み通り、戦略の競争力、有効性、耐久性などを問う場に着実に変わっていった。事業部の社長たちも、戦略の無謬性《むびゆうせい》を問われているのではなく、抱えている戦略的課題について生産的な議論ができるかどうかを問われていることを悟り始めた。その結果、彼らはより戦略的に考えるようになり、戦略レビュー会議でも日常的にも、戦略についてより充実した対話をすることが増えた。何より、より良い選択のための苦渋の判断を下せるようになり、やがて業績も向上した。

新たなシステムは、デビッド・テイラーが慣れていた社内儀式とは対照的だった。完全無欠な計画で上司をうならせるという重圧から解放されたテイラーは、戦略レビュー会議を楽しみにするようになった。「本当に鋭い人々と会議ができる機会なのです。会話は和やかになり、つるし上げに備える必要もなくなりました。A・G・ラフリーは納得しなければ再考を促すだけです。会議は率直で熱のこもったものになりました。みんなでテーブルを囲み、話し合い、交流するのです」。今思えば、ダイナミクスは戦略の革新に関わっていたと彼は振り返る。「会議のムードは……別に今年の予算はどうなりそうか、来季はどう達成するかなどというものではなくなりました。利益や人事や短期的な課題についてのものでもありません。どこで戦うのか、どうやって勝つのかについてです」。

今は北米のグループ・プレジデントを務めるメラニー・ヒーレイも、この新たなやり方に夢中だ。

まず上級経営陣らと会議でどんな戦略的課題を議題にするかについて合意します。もちろん、私たちの意見も聞いてもらえます。不意打ちなど気にする必要がないので、会議も弾みます。事前に議題について合意しているので、出席者は配布資料を読み込んでおり、だから必要な背景知識に基づいて生産的な対話や付加価値をもたらせます。会議ではいつも、私たちの戦略的選択に、経験豊富なリーダーたちが大きな貢献をしてくれるのです。(2)

もちろん、完全なやり方などあり得ないし、どんな修正も万人に受け入れられるとは限らない。ある事業部社長は優秀なリーダーであり戦略家だが、新たなやり方にあまり感心していなかった。成熟化した自分の担当領域では実施しにくく、P&Gの成果尊重主義と折り合いが悪く、自分を含めた参加者にとって居心地の悪いものになる可能性があると感じていた。

こうした会議は、改善を願い、選択肢や事業環境、考えられる進路やその功罪を考え抜くという意図こそよかれ、本当に戦略的な深い会話になることはめったにありません。ラフリーが悪いのではありません。P&Gの社風に合わないのです。事業部の社長が会議で、「今考えていることが四つあります。どう思います?」と言っていたら、身は安泰です。ラフリーは戦略立案にご執心ですが、私が彼の恩恵を最も受けられるのは、一対一で親密に話し合う場であり、かしこまった大会議の場ではないのです。(3)

改革の難しさを良く示す意見だが、回を重ねるうちに戦略レビュー会議の質や有効性は様変わりした。二〇〇五年には新たな方法はすっかり根付き、多くの人は以前よりもはるかに優れていると考えていたので、旧に復すことは考えられなくなっていた。

組織のあらゆる段階で戦略について語り合うようになり、戦場選択、戦法選択、勝てる中核的能力、経営システムについて議論が交わされるようになった。事業部社長らは毎月、CEOに直接レターを送り、月に一度（最低でも四半期に一度）は対面か電話で話し合うようになった。こうした進行形の対話によって戦略は着実に進み、CEOは社長らの戦略的能力を測れるようになった。一対一の会議では通常、前半は社長が主導する。優秀な社長たちは、この機会を生かして本当に重要な課題に取り組み、解決法を共に考える。

対話の新常識

組織的なものであれなかれ、対話はたいてい何らかの表現技術に偏り、やはり主張が主体になりがちだ。となればP&Gでやったような対話の質の転換のためには、一大改革が必要となる。

私たちが促した対話法は、「アサーティブ・インクワイアリ」と呼ばれる。ハーバード・ビジネス・スクールの組織的学習理論家クリス・アージリスの研究をもとにしたこのアプローチは、人の考えを率直に求めながら（インクワイアリ）、自分の考えをはっきりと主張する（アサージョン）ものだ。換言すれば、自分の考えを明確に述べ、データや背景事情を分かち合いながら、同僚らの考えや理屈を率直に求めるということだ。

これをうまくやるには、「私の考えはこうですが、ご意見はありますか」という態度で議論に臨まなければならない。こうした率直な態度は、社内ではそれまであまり一般的ではなかった。単純なようだが、誰もがこうした姿勢でいれば、集団行動に劇的な影響を及ぼす。話し手は自信を持ってはっきりと説明しようとする。だが異論を受け入れる余地を残すことで、二つの重要な変化が起きる。一つは、自分の考えを絶対視せず一つの可能性として主張するようになる。二つ目は、他者の考えを注意深く聞き、質問をするようになる。こうすれば見逃しているものが見つかりやすい。

対照的に、出席者をねじ伏せるつもりで会議に臨む人物は頑として自説を言い張る。人の話は聞く気がないか、あらさがしのために聞く。結果は推して知るべしだ。

私たちは、主張と問いのバランスを取って対話をオープンにし、理解を深めたかった。そのためには次の三段階が重要だ。①自分の立場を主張し、意見をつのる（「私の見るところ状況はこうで、理由はこの通りです。違うご意見はありませんか？」）。②人の考えを言いかえ、理解が正しいかどうかを確かめる（「あなたのご意見はこういうことでしょうか？」）。③他の人の意見と自説のギャップを説明し、さらに情報をつのる（「あなたはこの買収は誤りとお考えのようです。なぜそう思うのか、もう少し話していただけませんか？」）。主張と問いかけの入り混じったこうした口調のおかげで議論の雰囲気はがらりと変わる。言い張る方が心強いかもしれないが、それは違う。問いかけによって、聞き手はあなたの話を純粋に検討する。一方、言い張れば聞く耳持たずに反論しようとするからだ。

P&Gでは、このコミュニケーション方法を意図的に推進した。戦略レビュー会議、個別面談、そして役員会議でも対話を促したのだ。インクワイアリを根付かせて、生産的な緊張感を醸し出し、より賢い選択につなげたかった。社内の全階層に戦略立案の号令が下った。P&Gでは、ブランド、製品ライン、カテゴリー、流通チャネル、顧客管理、国や地域、職能や技術をめぐり、日常的に戦略を立てている。様々な状況で戦略に関わり続けることで、戦略的対応能力をこなせる能力が身につくという考え方だった。昇進するにつれて、成果もより大きくなり、困難になり、複雑になる。この「習うより慣れろ」方式による戦略能力習得は、多くのP&G出身者が各社のCEOになっている理由である。

P&Gには強い個人的達成の社風があるが、同時に戦略立案についてチームの必要も認められていた。CEOを含め、誰一人として、自分だけで戦略を立てようとはしなかった。本当に強い戦略を立てるには、混成部隊による能力、ナレッジ、経験が必要だった。有能でやる気のある個人の集まりによって、誰もがグループの成功に貢献したいと願い、勝利に向けて努力するのだ。

野心的な人々に戦略をまとめさせるのは、容易な仕事ではない。戦略的選択とは、客観的に白黒がつくものではない。それは主観的な判断であり、誰もが自分なりの考えや戦略案を抱えている。となればどうしても、感情的なぶつかり合いになりやすい。それを避けるには、インクワイアリを根付かせ、生産的な社内コミュニケーションにしなければならなかった。

枠組み構造

どんな組織でもそうだが、P&Gのような大組織ならなおさら、戦略議論をまとめる枠組みが必要だ。P&Gでは、かねてOGSMという一ページ建ての書面があった（図6－1）。これは目的（オブジェクティブ：O）、目標（ゴール：G）、戦略（ストラテジー：S）、方法（メジャー：M）を、

図6-1 OGSM宣言の例

目的（オブジェクティブ）	戦略（ストラテジー）	方法（メジャー）
台所と浴室用の使いやすい紙製品を供給して家庭生活を改善する。北米のティッシュ及びペーパータオル市場のトップ企業になり、P&Gに価値をもたらすこと **目標（ゴール）** 経常利益成長率　X％、年次の市場シェア及び売上伸長率　X％、粗利及び経常利益率年次成長率　X％、工場設備及び在庫に対する投資収益率X％	**戦場選択** • 北米 • バウンティとチャーミンのシェアをさらに伸ばす • スーパーマーケット及び量販店チャネルで勝つ • 機能性重視、触感重視、値ごろ感重視の消費者3セグメントを確立する **戦法選択** **1.** リーン（筋肉質）経営 　• 工場／設備投資は売上のX％まで 　• 在庫をXに絞る **2.** 消費者に選ばれる 　• より優れた基礎商品を適正価格で 　• 好まれる製品フォーマットとデザイン 　• カテゴリー成長を管理する **3.** 小売店に選ばれる 　• 商品棚効率とサービスの向上 　• 差異化の効いた買い物ソルーションの開発 　• 勝ち馬に乗らせる	• 経常利益率伸長 • シェア及び売上伸長率 • 利益率成長率 **経営効率指標** • 資本回収率 • 在庫回転率 **経営効率指標** • 消費者選好度指標 • 選好購買意欲 • 試買率、購入率、ロイヤリティ率 **小売店フィードバック指標** • 重要事業指標類（配荷率、棚シェア、マーチャンダイジング・シェア） • 重点取り組み先に選ばれること

ブランド、カテゴリー、カンパニー段階ごとに定める宣言書だ。戦略的カスケードにも応用しやすく、社内に定着していた点も都合がよかった。だが残念ながら、一般的なOGSMシートは、事業の戦場や戦法の選択の記述というよりは、目先の課題の列挙のようだった。だからOGSMを改良し、戦場と戦法の選択を事業のアスピレーション（憧れ）に併せて明示し、成果測定の方法も含めるようにした。OGSMを戦略の明瞭な書面にして、誰もが理解でき

るようにするためだ。新生ＯＧＳＭの例として、数年前にファミリーケア事業部で採用したものを掲げておく。

ＯＧＳＭを皮切りに、各種の戦略的な年次重要会議が続く。イノベーション・プログラム・レビューでは、選んだ戦場や戦法と、生産性の高い技術群の整合性を問う。年次予算や人員配置の是非も問う。ＯＧＳＭはこれら各種の議論の土台となるもので、予算配分、ブランディング、経営資源配分、イノベーション（革新）戦略などを、戦場と戦法の選択に整合させるものだ。

新生ＯＧＳＭ、戦略レビュー会議改革、インクワイアリ文化が基盤となって、戦略の立案、レビュー、コミュニケーションの新たなやり方が生まれた。ＯＧＳＭによって、戦略は一枚の文書にまとめられ、重点的テーマも検討できるようになった。新たな会議構造は年間の会議体系に位置づけられ、社内の上下コミュニケーションの新規範となった。インクワイアリが根付いたことで、生産的な緊張関係が生まれ、連絡が良くなって戦略的思考が進んだ。だが、中核的戦略をグローバルに上意下達する手段も必要だった。ＣＥＯが事業部社長に伝えるトリクルダウン方式以外の方法はないか――私たちはじっくりと検討した。

戦略を伝達する

戦略は組織の全段階で実行されなければならず、そのためには組織の全段階にはっきりと伝達されなければならない。事業部は自らの戦略をCEOに（P&Gではレビュー会議やOGSM文書を通じて）伝達するが、経営陣も全体戦略を全社に通達しなければならない。問題は、そのための簡便で有効な方法である。分厚いバインダーや大分冊のパワーポイント・スライドで組織を発奮させることはできない。だから、戦略の核心をしっかりと考え抜き、そのエッセンスを広く明確に伝えることは重要である。組織内の誰もが知り、理解するべき重要な戦略的選択とは何かを考えよう。

P&Gではどんな事業でも、選んだ戦場と戦法において勝つために必要なテーマは三つに絞られる。

①消費者本位
②消費者のバリュー計算式で勝つ
③最も重要な二つの瞬間に勝つ

これらは、全社レベルでの戦略選択カスケードから直に由来する。第一の「消費者本位」は、カスケードの「消費者の生活を改善する」の翻案である。事業の全ての面で、誰もが消費者に目を向けていなければならない。R&D、ブランディング、市場攻略戦略、投資判断などの全てにおいてである。誰が最も重要な利害関係者であるのかを常に理解していなければならない。それは株主でも従業員でも顧客である小売店でもなく、最終消費者――実際にP&G製品を買って使う人々――だ。

第二のテーマは、勝利の方法をすこし抽象的な表現にしたものだ。消費者に対し、競争相手よりも大きな価値をより低いコストで与えることだ。つまりブランドの差異化や革新的な製品づくりによって独自の価値を魅力的な価格で提供しながら健全な利益を上げられるようになるということである。このためには、誰もが差異化による持続可能な競争優位性を意識していなければならない。

三番目は、二つの真実の時[4]に勝たなければならないことを意味している。一つは、消費者が店頭で商品に接した時であり、もう一つは、ブランドのプロミスが消費者の心の中で実現する（あるいは、しない）瞬間である。それは消費者がゲインの芳香を初めて体験し、タイドやブリーチが実際に洗濯物を真っ白に洗い上げ、カバーガール・ラッシュブラストがまつ毛を劇的に長く見せる瞬間である。製品体験がブランド・プロミスを裏付け、再購買、常用、そしてブランド・ロイヤルティ（忠誠心）へとつながる瞬間だ。

二つの真実の時――消費者が店内で商品に触れた時と、それを家庭で使用した時――という概念は、Ｐ＆Ｇにとって重要だ。これまでは後者に傾倒していたので、前者の重要性に目を向けさせたかった。欠品していないか、最も目立つ棚に陳列されているか、パッケージは消費者がブランド・プロミスやその商品の価値提案を理解する役に立っているか、商品設計はブランド・プロミスに即しているか、商品そのものや店内陳列上、消費者が手を伸ばしてくれる仕組みがあるか、などだ。勝利するには真実の瞬間の前者が重要であると社内に周知する必要があった。つまり勝利の戦略の核として、より広範な能力が必要なのだ。単なる製品開発やブランディングに留《とど》まらず、流通技術、ＩＴ（情報技術）、ロジスティクス（物流システム）革新、市場攻略能力、そしてスケールメリット（規模の効果）や消費者啓もう能力を駆使して、商品を買ってもらわなければならない。

これらを伝える言葉遣いも、シンプルで問題提起的で覚えやすくなければならなかった。どんな組織でも、トップからのメッセージはシンプルで聞き手を発奮させ、わかりやすくなければならない。組織全体での選択がすんなりと進むのは、選択が明確で簡潔で行動を促すものである場合のみである。こうしたシンプルな戦略メッセージは組織の目的の革新を捉えたものであり、どんな集団や状況にも通用し、組織の合言葉になるものでなければならない。

アサージョン&インクワイアリ型のコミュニケーションや、OGSMや戦略レビュー会議などの公式会議に加え、社内に広くトップのメッセージを伝えることも相まって、戦略的意思決定の文化が生まれる。これも経営システムの重要な一段階だ。だがそれにかてて加えて、中核的能力を促すシステムも必要である。

中核的能力を支援するシステム

どんな組織にも、中核的能力を蓄え、維持するための支援システムが必要だ。戦略選択カスケードの四番目に位置する中核的能力は、競争優位性に欠くことができない。問題は、そのためにどんなシステムをどうやって手に入れるのかだ。P&Gでは中核的能力ごとに支援システムを構築し、それを維持するために投資をしてきた。

・消費者理解のためには、新しい消費者調査手法に重点投資をし、業界一の使用実態調査や市場調査能力を確立した。

・イノベーションにも重点投資をしている。クレイトン・クリステンセンと彼が設立したコンサルティング会社イノサイトと共に創造的破壊によるイノベーション・プロセスを研究したり、「コネクト+デベロップ」というオープン・イノベーション事業を創設して、二〇〇八年以降のブランド開発や製品イノベーションの半分以上は外部のパートナーと共同で行った。

・ブランド・ビルディングの枠組みを公式化し、消費者の暮らしを改善するブランドづくりに取り組み始めた。今世紀最初の一〇年で、P&Gは業界最多の新ブランドを生み出している。不発に終わったものもあるが（フィット、フィジーク、トレンゴスなど）、大半は成功し、中には大型の新カテゴリーやセグメント（区分）を切り開いたものもある（アクトネル、アリジン、ファブリーズ、プリロセック、スイファーなど）。

・市場開拓能力については、小売店との戦略的パートナーシップに重点投資をした。小売企業、サプライヤー（供給者）、そして競合しないカテゴリーでは業界他社とさえパートナーシップを組み、全てを自前でやろうとする伝統的なビジネスモデルへの挑戦に挑んだ。

・スケールメリットのために大型投資をし、その生かし方などを明文化し、以後の参考にした。

クレイト・ダレイと現CFOジョン・モエラーが率いるスケールメリットについての取り組みは、中核的能力をめぐるP&Gのアプローチの好例である。モエラーは、規模についてはある問題があったと言う。「規模やスケールメリットを、活動システムと経済的指標の両面から把握するべきですが、当社ではそうはなっていませんでした。かつては、国ごとにばらばらに事業をやっていたのです。そのためグローバル・カテゴリー化に向けて大きく前進しました」(5)。これは一〇年をかけた三段階式のステップだった。まず、ジョン・スモールの統括下に、北米事業をカテゴリー管理構造に改編した。そしてエド・アーツの管轄下にグローバル・カテゴリー・コーディネーターを新たに置き、技術やブランドをよりグローバルに展開するようにした。それから、ジョン・ペッパーとダーク・ジャガー率いるGBU(グローバル・ビジネス・ユニット)は、豊かな資源を持つ世界的規模の事業と利益の源になった。真にスケールメリットを発揮するために、「誰もが動員されました」とモエラーは言う。「次のステップは、GBU内で共通化・集中化できる活動を洗い出すことでした。まずは購買の集中化などのシンプルなところから手をつけました。それまでは、これさえ手つかずでした。広告でさえ事業部ごとに別々に発注していたほどです」。広告であれ化成品であれ包装材料であれグローバルに購買を一本化したことで、大きなスケールメリットが生じ、費用は劇的に下がった。

モエラーとダレイは、会社のアキレス腱《けん》になりかねない間接費も慎重に見直した。「これまでは、競争相手の間接費との比較によって、自社の効率性を考えていました。ごく単純な数学的比較でした。でも、クレイトが言ったのです。『ちょっと待てよ。本当にスケールメリットを生かしているなら、当社の方が売り上げに対する間接費比率が低いはずだ』とね」。

ダレイは、間接費効率のより良い指標を追求した。モエラーが続ける。「一、二年は議論を重ねました。カテゴリー、子会社、国の各段階ごとの間接費効率を表す最も良い指標は何だろう、どうすればP&Gのスケールメリットを各段階で最もうまくいかせていることを確かめられるだろう、とね」。スケールメリットは重要な中核的競争能力の一つだったので、有意義でインパクトのある支援システムを作り出すことは欠かせない。単に規模は重要だというだけではだめなのだ。

P&Gでは、いくつかの事業部門（洗剤、ファイン・フレグランス、フェミニンケア、グローバル・ビジネス・サービス）で測定可能なコスト優位性指標を確立した。だがダレイが言うように、全ての事業部、職能、地域で間接費の対売上高比率を平均以下にするという目標は持っていなかった。「今もその指標を追求している最中です」とモエラーは言う。「概念的理解やモデリングはうまくいきました。ですが、スケールメリットを意図的に生み出すという仕事については、まあまあというところです」。社では製造から為替に至るまでを見直して得たスケールメリットを事業部に還元した。「ブランドやカテゴリー単位でのスケールメリットを得るだけでは不十分でした」とモエラーは振り返る。「全社規模で統合しなければなりません。そのためには入念な計画が必要で、ひとりでにそうなるものではありません。起業家精神や事業の自主性を損なわないように配慮しながらスケールメリットを得なければなりません。統合性が重要ですが、本部がごり押しすればよいわけではありません。規模の統合のためには、事業部のリーダーらを集め、全社のためだけでなく、彼らのカテゴリーにも益するような計画を立てさせる必要があります。例えば複数のカテゴリーで市場攻略する際に、各カテゴリーの成功率が高まるようなね」。例えば新興諸国にカテゴリーを横断して包括的に進出すれば、費用を負担でき、市場への影響力を増大させることができるので、成功の見込みが高まる。

ブランド・ビルディングを支援するシステムも必要だった。これは一世紀以上もP＆Gの事業の中核だったが、二〇〇〇年の時点においてもまだブランドやマーケティングの成功や失敗を整理して組織的に学習するのが下手だった。この種の知見が組織的に共有されるのは、せいぜい伝説的なCMO（チーフ・マーケティング・オフィサー）たち、例えばエド・ロッツスペックやボブ・ゴールドステインなどが一ページの簡潔なメモにまとめた場合か、社内で訓話的に語り継がれている場合のみだった。要するにブランディングやマーケティングは、経験豊かな人間の配下でいずれ現場で習い覚えていくもの、と考えられていたのだ。

そこで、ブランド・ビルディング手法をノウハウ化する社内初の試みに乗り出した。当時洗剤事業のゼネラルマネジャーだったデブ・ヘンレッタの統括下に、リサ・ハイレンブランド、レオノラ・ポロンスキー、ラド・アーウィングというマーケティングの凄腕を配した。彼らの努力は、ブランド・ビルディング・フレームワーク（BBF）一・〇という、ブランド・ビルディングの手法を取りまとめた書面に結実した。二〇〇三年にはBBF二・〇が、次いで二〇〇六年にBBF三・〇が、BBF四・〇が発行された。改訂されるたびに、包括性、明快性、行動性が高まった。BBFのおかげで、若手はより早く学べるようになり、上級管理職にとっては便利な手引きができた。これらはP＆Gのブランド・ビルディング能力育成の強い後押しになった。
全社的に中核的能力を獲得して各段階に利用を促すと同時に、カテゴリーやブランド段階でも、それぞれの事業特有の中核的能力開発を促した。それが劇的な効果を発揮した例もいくつか生まれた。スキンケアの超高級ブランドSK－IIを考えてみよう。

SK－IIは当初、社の戦場や戦法の選択との整合性に乏しいようにも思われたが、美容ケア事業の重要な先兵となった。この超高級品セグメントで得た知見が、事業部全体でどんな中核的能力を獲得すべきか、それを支援するためにどんなシステムが必要かの判断に重要な役割を果たしたのだ。このブランドは超高収益であったため、こうした能力を得るための投資もできた。SK－IIは最高級品として展開し、百貨店の専用カウンターで販売された。消費者知見、製品やパッケージのR＆D、ブランド・ビルディングなどが必要だったのは他のブランドと同じだが、SK－IIでは、それに加えて専用カウンターのデザイン、百貨店との関係、肌コンサルテーション、店内サービスなどの能力も必要だった。さらに世界的な高級百貨店とのパートナーシップ、美容カウンセラーの募集、店内スタッフの研修などの支援システムも開発した。これらはすべてSK－IIならではのものだったが、美容事業で勝つためには欠かせないものばかりだった。いずれもブランド独自の支援システムだが、それ自体が全社的支援システムに沿って作られているのだ。

効果測定

昔から、測定できる仕事は実施もできると言われる。言い得て妙だ。達成可能なアスピレーション、開発可能な能力、創出可能な経営システムは、測定可能であるはずだ。効果測定のおかげで、焦点を絞ることができ、フィードバックが得られる。焦点を絞るには、何かに気付き、結果を検証し、成否を記録し、成功することのインセンティブ（誘因）を担当者に与えなければならない。フィードバックとは、実際の結果と期待した結果を比較し、それに沿って戦略的な調整をすることだ。

効果測定をうまくやるには、期待する効果を事前にはっきりさせておくことだ。アスピレーション、戦場選択、戦法選択、中核的能力群、経営システムのそれぞれについて、事前に具体的な数値目標を文書化しておくべきだ。「市場シェアを上げる」とか「市場でトップに」などと抽象的にせず、できるだけ成否の基準値を定めておこう。さもなければ、独り善がりに陥りやすい。全ての事業部や職能が、全社的な文脈や各自の戦略選択に整合した目標値を定めておくこと。数値目標だけでなく、消費者や社内的な仕事についても目標を定め、唯一のパラメーターに固執する弊害を防ごう。

P&G全社段階では、売り上げや利益を簡便な金額目標で定め、必達目標にした。他に、価値創造や競合他社との比較方法も変える必要があった。P&Gではかつて、上級経営者の報酬算定基準を、三年間のTSR（株主総利回り＝キャピタルゲイン＋配当金）に連動させていた。比較対象グループのTSRに比べ、P&Gが上位三分の一に入っていれば、幹部はボーナスをもらえたのだ。

　このシステムに手をつけた。株価は社の業績を表す唯一の指標とするには不向きである。株価は投資家の期待によって形成されるものであり、それはおよそ自社の手の及ぶことではない。好業績を上げた年の後の株価は非現実的なほど高騰する。翌年にその期待が満たされなければ、前年よりも業績が上向いていても、株価は下がる。だから高TSRの翌年には、業績がさらに上回っていてもTSRは下がりがちだ。つまりこの指標は、報酬の算定基準にするにはあまり意味がなかった。

　そこでP&Gでは、市場TSRから経常TSRに切り替えることにした。これは、売上伸長率、収益改善率、資本回転効率改善率の三つの経常指標を織り交ぜたものだ。この指標の方が実際により重要な経営指標による業績を反映しているし、それ以上に、市場TSRと違って、事業部社長やゼネラルマネジャーらが実際に影響を及ぼせる指標に則《のっと》っている。その上、管理している資産の内容も問わない。紙製品の生産機械であれ、化粧品や香水の在庫であれ、等しく通用するので、P&Gの多種多様な事業部門に適用できる。そして経常TSRは株価とは全く関係がないが、中期的・長期的には市場TSRと相関している。それでいて、市場TSRと違い、経常TSRならP&Gの経営者や管理職が短期的・中期的に影響を及ぼせる。

　経常TSRを採用したことで、競争相手との比較もより有意義になった。P&Gでは、公開資料を使って競争相手の経常TSRを計算している。当社の方が劣っている指標があれば、追いつけ追い越せの動機付けになる。さらに、独自の指標を採用して業績を良く見せかけようとする傾向も排せる。

全社段階でも事業部段階でも単一の価値創造指標を採用することで、よりバランスの取れた一貫性と信頼性のある指標が生まれた。

指標は、組織の至るところで開発できるし、またそうすべきだ。P&Gでは、管理職に自分の事業領域での戦略的思考の役に立つ指標づくりを促した。中には業界特有の指標で、限られた事業部でしか使われないものもあったが、組織横断的に適用できる指標もあった。例えばヘンレッタがベビーケア事業で開発した消費者選好度についての指標がそうである。

多くのP&Gの事業の例に漏れず、おしめ事業もいくらか視野狭窄《きょうさく》気味だった。製品の技術的性能に目が行き過ぎていたのである。ヘンレッタが回想する。「基本的には、一枚のおしめでどれだけ水分を吸収できるかをテストしていました。つまり製品の優位性試験ですが、それがブランドの優越性指標に成り代わっていったのです。最も吸水性の良いおしめが最も優れたおしめなのだと考えていました。そしてついにはこれがおしめの良し悪《あ》しを決める指標になり、当社製品の方がより吸水性が優れていれば、消費者により優れたおしめを提供しているのだと考えていました(6)」。

だが消費者もおしめをそんな風に評価しているのだろうか？　ヘンレッタはそんな疑問を抱いた。「おしめが洗練されていくほど、母親たちの要求は上がりました。技術的性能が良ければそれでよし、というわけにはいかなくなったのです」。実際、市場で出回っているおしめの大半は、吸水性の点で大した違いはなかった。そして吸水性ではえてして勝るパンパースは、実際に最も売れてはいなかった。

ヘンレッタは、何か他の、消費者選好、購買そしてひいてはロイヤルティを促す指標が欲しかった。「商品やブランドの選好につながる要素を総合的に表す指標が欲しかったのです。そこで考案したWPI（調整購買意向度）は、製品の様々な側面を織り込んだものです。例えば美的な魅力、デザイン、おしめの触感、外見などを、技術的な性能と共に測定し、さらにブランドのプロミスや価格なども織り込んだ指標です」。WPIの目標は、消費者に提示された商品提案の全体像を把握することだった。消費者の好みを推進するものは何か、製品やブランド価値の認識全体を向上させるものは何か？　それは消費者にとっての価値をそっくり探る試みだ。

WPIのデータは「私たちが劣後している点を明らかにし始めました。技術的にはより優れたおしめを作っていたのですが、母親がベビーケア・ブランドを選ぶ際に気にする要素、例えばおしめの触感、外見、デザインなどでは劣っていたのです」。このデータを武器に、変革が始まった。「そのためにWPIが重要でした。組織内や上級経営陣に、おしめ事業で当社は思っていたほどうまくやっているわけではないと知らしめられたからです。彼らは、当社のおしめはダントツに優れているのだと思い、消費者が考慮する他の要因を考えていませんでした。でも消費者は、私たちの社内性能調査の受け止め方とは、全く異なる価値体系を持っていたのです」。WPIは、赤ちゃんにおしめが似合うか、おしめを装着しやすいかなどの要素の方が、吸水性などの技術よりもはるかに重要であることを示していた。「私たちは事業ごとに、WPIを使って市場のダイナミクスをよりうまく説明できると証明しました」。ヘンレッタは言う。「WPIに勝るブランドは急成長しているか、えてしてトップブランドなのです」。

WPIデータはベビーケア事業に変革をもたらし、すぐに全社的に広がっていった。だがWPIは、P&Gの勝利を後押しした指標の一つに過ぎない。社では様々な分野で最高の指標を採用するか、あるいはそれを改良している。消費者の感情やロイヤルティを追跡するためにネット・プロモーター・スコアを用いているのもその例だ。[7] さらに独自の調査手法も開発している。これらが相まって、P&Gの戦略的成功に大きく貢献しているのだ。

スピードアップ

どんな会社にも、戦略選択カスケードをくみ上げて社内にはっきりと伝えるシステムや、中核的能力に投資して支援するためのシステムが必要だ。それらが戦略パズルを完成させる最後のピースだ。戦場と戦法の選択は戦略の核心だが、競争優位性を促す中核的能力が伴っていなかったり、選択を支援する経営システムをなくせば、持続可能な優位性はもたらさない。

経営システムを作り出すには時間、お金、そして焦点を必要とする。これなら万事OKという汎用《はんよう》的なものはなく、個々の状況や能力次第だ。一連のシステムや方法がなければ戦略的カスケードは不完全であり、戦略立案の仕事を完遂したとは言えない。

戦略的カスケードの五つの選択は、組織、カテゴリー、ブランドにとっての戦略を定義し、要約するものだ。各々の成り立ちを詳述した今、実際に重要な戦略的選択をどうやって下すかというより大きな問題を考えてみよう。重要な選択を下すに当たって、何がわかっていなければならないのだろう？　何について、いつ考えなければならないのか？　様々なせめぎ合う選択肢の中から、どうやって賢明な選択をすればいいのか？　集団の中でそうした判断を下すにはどうすれば？　これらは、戦略アプローチを自社に導入するに当たって、重要な質問だ。続く二章では、これらを扱う。

経営システムや成果指標についてやるべきこと、やってはいけないこと

・革新的能力の開発に加え、どんな経営システムならそうした能力を促すために役立つかを考えよ。
・戦略的ディスカッションを常に継続し、重要な選択から目をそむけない風潮を社内に生み出せ。
・組織内に重要な戦略的選択を伝えるに当たっては、明確さと簡潔さを旨とせよ。核心に迫るために、物事を必要以上に複雑にするな。
・必要な中核的能力を全社横断的と事業ごとに生み出し、それを支援するシステムと方法を作り出せ。

・戦略的選択の達成度を測定する短期的・長期的な指標を定義せよ。

社内コミュニケーション

A・G・ラフリー

私がP&G生活を通じて学んだ最大級の教訓の一つは、簡潔さと明快さである。より明快で簡潔な戦略ほど、より良く理解され、定着しやすいため、成功の見込みが高いのだ。端的に言い表せる戦略の方が、力を生みやすく、やる気を促す。そしてそれが後続の選択や行動を取りやすくする。私がこのことを初めて学んだのは、一九七〇年代の三年間と一九九〇年代の五年間の延べ八年を過ごしたアジアでだった。当時のアジアの大半の従業員にとって英語は第二言語だった。そこでできるだけ簡潔で単純な言い回しを心がけたのだが、そうした時の方がより良く理解が得られた。そして選択がより理解された時ほど、より行動につながりやすかった。

CEOとして、私はこうした教訓を、P&G全体の指揮に応用した。自らの選択や意図を、できる限り簡潔で説得力ある言葉で言い表すようにしたのだ。手始めに、社の目的、価値、原則を定義し直した。世界中の消費者に奉仕し、彼らの暮らしをP&G製品で良くすること、である。消費者、顧客、パートナー、サプライヤー、そして社内での仕事において、誠実さと信頼が何より大切であると、繰り返し話した。全ての社員が社のリーダーであり、担当事業のリーダーなのだとも話した。そしてP&G精神や、何より重要な消費者を勝ち取ることへの情熱についても話した。

私は意識的に、消費者を全ての中心に置いた。消費者を全ての利害関係者、例えば顧客、株主、従業員などに優先した。なぜなら、事業の目的とは顧客を創造し、他の誰よりもうまく彼らに奉仕することだからだ。消費者をなくせば事業は成立しない。そして社として消費者をめぐる二つの真実の時、とりわけその第一である店頭での出会いに勝たなければならないことを話した。小売顧客とサプライヤーは、顧客により良く奉仕するために重要なのだとも話した。また従業員こそ、社の最大の資産であることを話した。消費者により良く奉仕できれば、画期的なブランドや製品を出せれば、ビジネスモデルや仕事のシステムをさらに改善し続けられれば、全体としてもっと生産的に働くことができれば、社は成長し、繁栄し、望まれる雇用の場としてあり続けられるだろうと話した。最後に、株価はより多くの消費者により良く奉仕できる可能性を示しているものと位置付けた。

選択が理解されるよう、私は万全を期した。明快さが違いを生むという点に、私は一点の疑いも持っていない。明快かつ単純、容易に理解できる選択は、九〇カ国で働く一三万五〇〇〇人の従業員が日夜エクセレンスを発揮する上で欠くことができない。

第7章

戦略を考え抜く

これまでに、戦略的選択カスケード（滝）の五つの問いの枠組み（勝利のアスピレーション〈憧れ〉は何か、どこで戦うか、どうやって勝つか、どんな能力を使うか、どんな経営システムを使うか？）を論じた。五つともおろそかにはできず、それらを統合してこそ強力な戦略と永続的な競争優位性が生まれるのだ。さて、ではどこからどうやって手をつければいいのか？　段階ごとの選択肢を生み、選ぶにはどうすれば？　いかなる会社にとっても、戦略的選択肢は数多く、咀嚼《そしゃく》すべきデータは無限にあり、使える戦略的ツールもいくらでもあるので、途方に暮れてしまうほどだ。さらに唯一絶対の最適解があるわけでもない。だが、手のつけどころを考える方法ならある。

戦略的選択カスケード作成に当たって、わかりやすいスタート地点は、トップの勝利のアスピレーションだ。初めに勝利をきちんと定義しておかないと、後続の選択もやりにくくなる。勝利のアスピレーションは、様々な選択肢を較量するに当たっての判断基準になるのだ。それでも戦略と立案は反復的な仕事であり、後続の選択に応じてアスピレーションに立ち戻り、それに修正を加える必要も生じることは、覚えておいてほしい。だから、完璧なアスピレーションをまとめようといつまでもこだわらず、さっと書き出してみて残りのカスケードをまとめながら必要なら修正しよう、と思っておけばいい。そして戦略立案の本当の核心である戦場と戦法の選択に移ろう。これらこそが実際に何をするのか、どこでそれをするのかを決め、ひいては競争優位性を生む。

戦場と戦法を定義するに当たって、文脈を考え、理解しよう。そのためには様々なツールが利用できる。SWOT分析（強み〈S〉、弱み〈W〉、機会〈O〉、脅威〈T〉）のようなシンプルなツールから、特定の目的のために開発されたボストン・コンサルティング・グループの成長マトリックス（行列）、GE（ゼネラル・エレクトリック）とマッキンゼーが開発したナイン・ボックス・マトリックス、さらには具体的な戦略理論に基づいた枠組み（例えばVRINモデルなど。これはある企業が価値のある、珍しい、模倣できない、代替不可能な能力を持っているかを測定し、そのうちどれがその社の経営資源から派生しているのかを測定する）などだ。これらのいずれにも最適な使いどころがあるが、どれも戦略全体を考えるものではない。また、それだけで戦場と戦法を考えられるものでもない。これらをつまみ食いしたあげくデータの海で分析麻痺《まひ》に陥ってしまう可能性もある。それより、状況に即した戦場及び戦法選択により適したツールがある。

つまるところ、そのためには次の四つの面を考えなければならない。

①**業界**　業界構造、及びその中の魅力的なセグメント（区分）はどうなっている？
②**顧客**　流通顧客や最終消費者は何に価値を感じるのか？
③**相対的なポジション**　競争相手に対して自社はどうやっており、何ができるのか？
④**競争相手**　競争相手は、あなたの行動選択に対して何をしてくるだろうか？

この四つは、**戦略的論理フロー**と呼ぶ枠組みで理解され、このフローは四局面をめぐる七つの問いででき上がっている（図7－1）。これは自社を取り巻く現状、状況、課題、機会を慎重に分析し、

図7-1｜戦略論理フロー

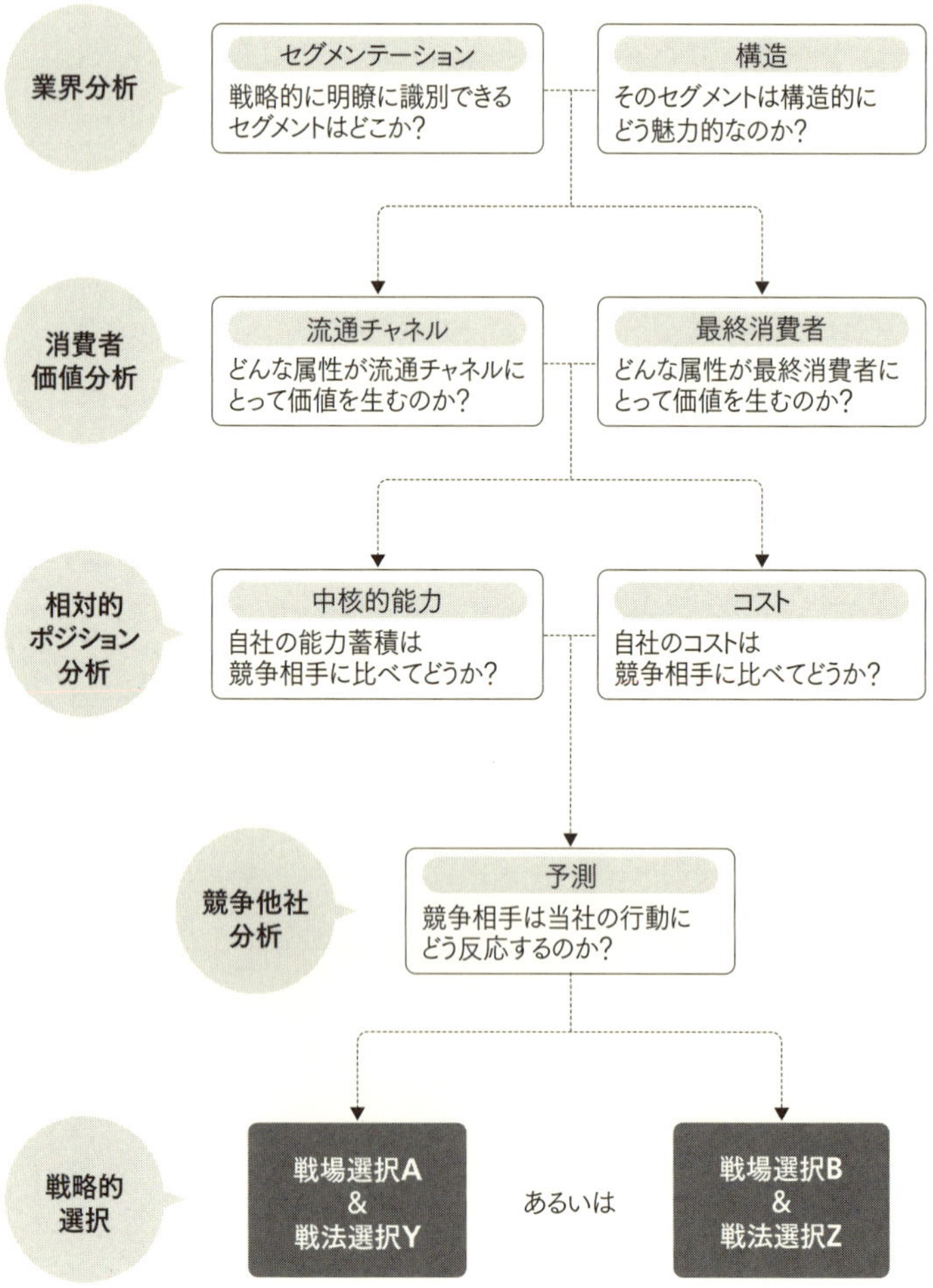
業界分析
セグメンテーション
戦略的に明瞭に識別できるセグメントはどこか？
構造
そのセグメントは構造的にどう魅力的なのか？
消費者価値分析
流通チャネル
どんな属性が流通チャネルにとって価値を生むのか？
最終消費者
どんな属性が最終消費者にとって価値を生むのか？
相対的ポジション分析
中核的能力
自社の能力蓄積は競争相手に比べてどうか？
コスト
自社のコストは競争相手に比べてどうか？
競争他社分析
予測
競争相手は当社の行動にどう反応するのか？
戦略的選択
戦場選択A
&
戦法選択Y
あるいは
戦場選択B
&
戦法選択Z

複数の戦場及び戦法の選択肢に至るものだ。

フローは枠組みのメカニズムと作業の段取りに従って左から右に向かって流れていくが、いずれもが戦略に深く関わっているので、何度も行きつ戻りつを繰り返さなければならない。論理の流れは業界に始まり、順に顧客、相対的なポジション、競争相手の反応へと至る。これらを取り混ぜて考えていくうちに戦略的選択が浮き彫りになるが、状況によって折々に四局面の重要性が変わる。

業界分析

戦略論理フローの最初の構成要素は業界分析だ。戦場を決するに当たっては、まず業界の様相を知らなければならない。その業界には、どんな明確なセグメント（地理的、消費者の好み、流通チャネル〈経路〉ごとなど）があるのか？　どんなセグメント分けをすれば、業界の現状に即して最も意味があるのか、将来はどんなセグメンテーションが有意義になるのか？　そしてこうしたセグメントの現在及び将来の相対的な魅力は？

セグメンテーション

業界セグメンテーションとは、地域、製品やサービスのタイプ、流通チャネル、顧客や消費者のニーズなどによる業界内の部分集合である。業界のセグメントを描き出すのは、えてして複雑な仕事だ。手間と熟考を要し、往々にしてまだ存在しないセグメントを探らなければならない。また多くの場合、従前の業界マップも不完全なもの。こうした限界を突き破って初めて、新世界が見えてくるのだ。

たとえばP&G（プロクター・アンド・ギャンブル）のオーラルケアについては、長年、業界を製品（歯ブラシ、歯磨き、マウスウォッシュなど）の面と、消費者メリット（虫歯予防という大きなセグメントと、歯の美白や知覚過敏などの小さなセグメント）の面から考えてきた。クレストは虫歯予防という大セグメントをがっちりつかみ、三〇年以上もトップブランドの座を占め、米国では大成功していた。だが、この概念は、一九九〇年代に崩れ始めた。虫歯予防があまりにも当たり前になってしまい、どんな練り歯磨きも一様に言い立てるメリットになってしまったからだ。ということは、他のメリットの重要性が増したということである。こうした考えに則《のっと》って、コルゲート＝パーモリーブは新たなセグメント群——虫歯予防に加え、歯石、プラーク（細菌の塊）、口臭、歯肉炎などにまとめて取り組む、より広範な「健康な口」という消費者ニーズ——を切り開くべく、コルゲート・トータルを発売した。一九九七年に発売されたコルゲート・トータルは、初年度でトップの座をつかんでしまった。長年、P&Gのお家芸だった全く新しいセグメントを作る——使い捨ておしめ、ふけ取りシャンプーなどがその例だ——手法でお株を奪われた格好だった。クレストにとっては思わぬ伏兵だった。

長年うまくいっていた虫歯予防にこだわり過ぎていたクレストは、新規ライバルにいいようにやられた。そこでオーラルケア・カテゴリーの米国マネジャー、マイク・カホー率いるチームは、業界構造を根本的に考え直すことにした。手始めはオーラルケア全般の見直しだった。商品を個別に見るのではなく、口や歯についてじっくり見直した。消費者ニーズをもっと全体的に捉え、いくつかの新たなセグメントを追求し、健康を最も気遣っているが、歯の美白や様々な商品フレーバーさえも気にする消費者を狙い始めたのだ。こうしてP&Gでは、クレスト・ホワイトストリップス、スピンブラッシュ・プロ、オーラル・リンス、デンタル・フロスなどを揃《そろ》え、クレストのブランド名を練り歯磨きからオーラルケア用品全般へと広げた。クレスト・プロヘルス、クレスト・ビビッドホワイト、そして敏感な歯のためのクレスト・エクスプレッションズ・シリーズなども、シナモンやバニラの風味で発売した。クレストは一〇年をかけて練り歯磨きからオーラルケアへと事業再編し、消費者の好みや満たされないニーズをすくい上げ、業界のセグメントをより深く理解して商品ラインを拡充した。

セグメントの魅力

既存及び新セグメントをはっきりさせたら、それぞれの構造的な魅力を知らなければならない。他の条件が同じなら、構造的により収益性の高いセグメントで戦った方がよい。構造的魅力を考えるに当たっては、マイケル・ポーターが考案した独創的な五つの力の分析が参考になる。これは、サプライヤー（供給者）の交渉力、買い手の交渉力、競争関係、新規参入者の脅威、そして代替者の脅威などを分析するものだ（図7－2）。このポーターの枠組みは、市場やセグメントの理解について、非常に参考になる。

この五つの力は、縦横の二軸から成る。縦軸である新規参入者の脅威と代替的製品／サービスの脅威は、その業界がどれだけの価値を生み出しているか（だからこそ多くの市場参入者が群雄割拠《ぐんゆうかっきょ》している）を示す。もし参入が非常に難しく、その業界で生み出される製品やサービスが代替不可能であれば、業界は非常に高収益になる。一九八〇年代から一九九〇年代にかけての製薬業界が非常に高収益であったのはこのためだ。この業界に参入するには膨大な資本とノウハウが必要であり、商品に代替性はなく、売り手市場だ。収益性は低く、競争相手がどんどん参入してくる航空産業とは対照的だ。製鉄業の場合なら、プラスチック、アルミニウム、セラミックス、チタンなど様々な代替材料がある。

横軸は、サプライヤー、プロデューサー（完成製品製造業者）、バイヤー（買い付け担当者）のどの市場関係者が稼いでいるかを示している。サプライヤーがプロデューサーよりも大きく力が強ければ、より儲《もう》けられる（PC〈パソコン〉業界におけるマイクロソフトやインテルのように）。一方、バイヤーが大きく強力であれば、彼らの方が儲けられる（ウォルマートとそこに納品している中小業者のように）。どの関係者がどれだけ儲けられるかは、競争の厳しさによる。競争が厳しいほど、サプライヤーやバイヤーが大きな価値を手に入れる。競争が穏やかなほど、プロデューサーが大きな価値を手に入れる。

P&Gでも、セグメントの魅力分析が戦略を決定づけることがある。バウンティの場合、地理的なセグメンテーションと消費者ニーズを考え併せると、魅力があるのは北米のペーパータオル事業のみ

図7-2　ポーターの五つの力

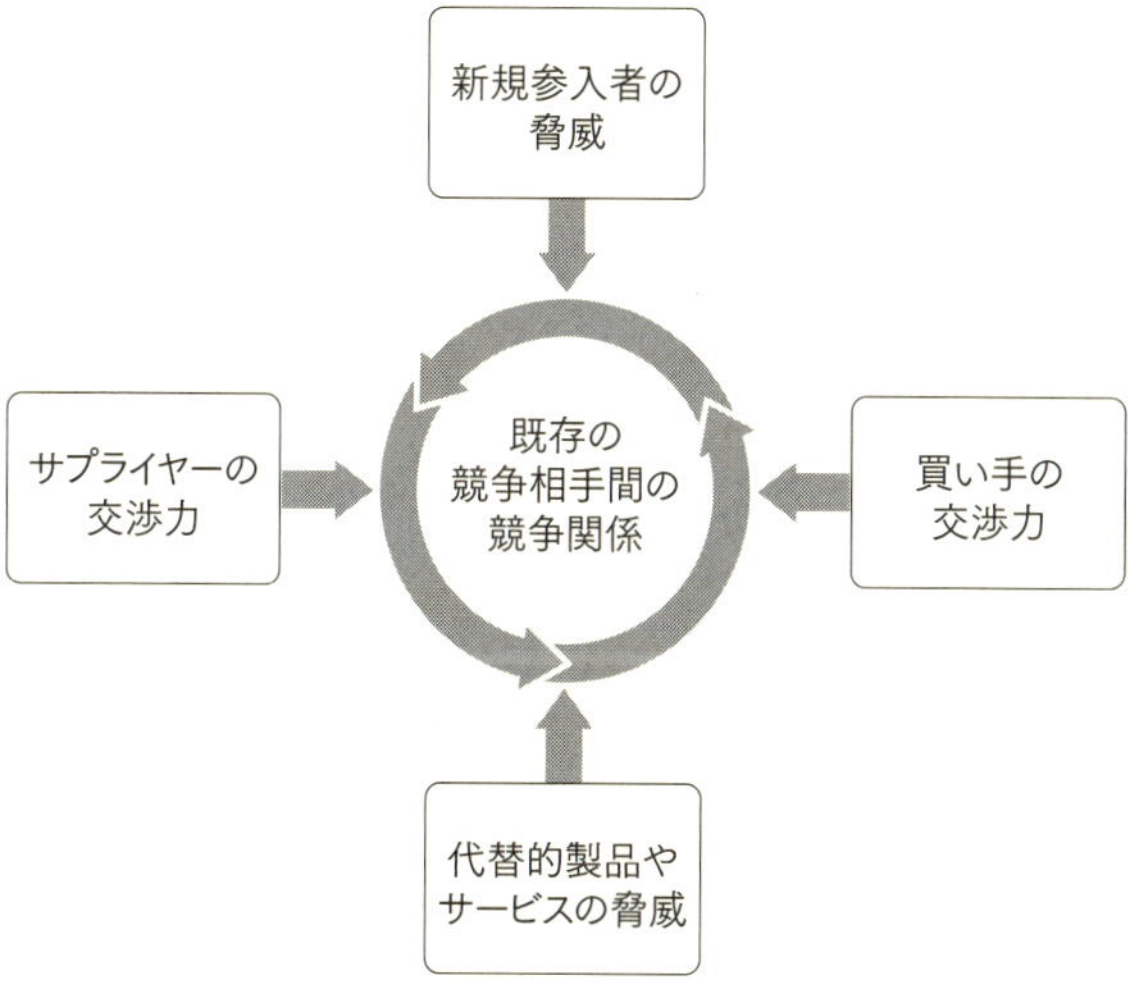

出典：『競争戦略論』マイケル・E・ポーター

だった。他の国では生産能力が大幅に過剰で低価格指向が強かったからである。業界特徴としては競争が激烈で、買い手市場で、代替製品は多かった。クレストのセグメント分析の際には、健康を切り口にしたセグメントは規模が最大であるばかりか、構造的に最も魅力的であることもわかった。健康をアピールするには継続的な臨床研究が必要であり、こうした実験や研究資源を持つ市場参入者は少なかった（実際にはP&Gとコルゲート＝パーモリーブだけである）。こうして様々な市場セグメントの規模や魅力度を分析することは、魅力的な戦場選択に欠かすことができない。

P&Gでは総じて、事業ポートフォリオ（構成）を構造的により魅力的な事業に集中しようとしている。サプライヤーからのコスト上昇圧力が弱い事業などだ。例えば美容事業は、原材料費は製品価値に比べて相対的に低いため、魅力的な事業である。

　競争相手が少なく、それらが別々のセグメントに向けて独自の価値提案をしている業界は、多くの競争相手が同じ消費者に向けて同質的で激烈な競争をしている市場よりも、はるかに魅力的だ。P&Gにとっては、美容ケアやフェミニンケアを含むパーソナルケア事業は魅力的だ。参入資本が少なくて済むため多くの市場参入者が様々な価値提案で分散した市場に奉仕しているからだ。対照的にファミリーケアの場合、紙製品の生産設備は非常に大きな投下資本を要し、稼働率を最大限に維持して初めて利益が出る。そのため需要が軟化するたびに値下げして稼働率を維持するのが業界の通例になっている。これは構造的な魅力を損なうものだ。

　ポーターの五つの力は、任意の産業やその中のセグメントの根本的な魅力度を探るものだ。構造的な魅力がわかれば、どのセグメントに力を入れればいいのかがわかる。例えば、ファイン・フレグランス事業では、競争の激しい女性用セグメントを避けて、構造的により魅力的な男性用香水市場をヒューゴ・ボス・ブランドで攻めた。規模が小さいセグメントなので、大手競争相手があまり目を向けていなかったからだ。そしてP&Gは、ここでしっかりと根を張って力をつけてから女性用フレグランスのセグメントにしっかりと攻め込むことができた。

　業界分析も、より構造的に魅力的な事業ポートフォリオに集中する役に立つ。例えば磨き掃除製品事業の魅力が衰えているという分析に基づいて、スピックン・スパンやコメットなどのブランドを売却でき、ファブリーズやスイファーなど、もっと魅力的で競争優位性を生かせる事業に経営資源を集中できた。

顧客価値分析

戦場の選択とセグメントをマッピングして構造的魅力を分析すれば、顧客価値の分析に移れる。低コスト戦略であれ差異化戦略であれ、顧客（自らの顧客と競争相手）が大切にしているものを正確に知る必要がある。これは隠れたニーズを掘り起こすことにもつながる。例えばゲインは、多くの消費者が洗濯時や洗濯物の香りを楽しんでいることに目をつけて製品改良した。ニーズを掘り起こせれば、製品をそれに合わせて改良できる。

論理フローのダイアグラムでは、顧客と消費者の二層構造を扱っている。P＆Gを含む多くの企業では、流通業者という顧客を通じて最終消費者に製品を届けている。個人がP＆Gからゲインを直接買うわけではなく、いったん小売業者が買い、それを最終消費者に再販する。だから、小売業者にゲインを品揃えしてもらうためには、小売店にとって魅力的な価値提案をしなければならない。さもなければ最終消費者は商品を目にすることもない。中間流通業者がいる場合、必ず彼らにとっての価値を理解する必要がある。だが企業によっては顧客と消費者が分かれていないこともある。中間流通業者や中間顧客がいない場合なら（預金者や利用者に直接サービスする一般商業銀行など）、論理フローダイアグラムから中間（流通）顧客を省いてよい。

顧客価値分析に当たっては、流通顧客と最終消費者の本当のニーズやウォンツを考え、あなたの製品やサービスの購入コストに対し彼らがどんな価値を得ているのかを考えよう。P&Gの場合、これは流通顧客（ウォルマート、クローガー、ウォルグリーンなど）と実際に製品を買って使用する消費者の両方を考えるということである。これら二つのグループのメリットやコストは異なっており、時には矛盾することさえある。その両者を理解することは、どんな価値を生み出せばいいのかを考える上で不可欠だ。これがわかれば、戦場選択や戦法選択はおのずと浮かび上がってくる。

流通チャネル

流通顧客にとって大切なことは、利益率、顧客誘引力、取引条件、入荷の安定性などの全てであり、事業の性格によって他にも多くの点が重要になる。これらを理解することは、どこを攻めるか、そこでどうやって勝つかを考えるために重要だ。

P&Gにとっても、このことはオーラルケア事業再編の際に特に役に立った。かつてP&Gの練り歯磨き以外のオーラルケア製品は、小売店にとって必ずしも最も魅力的な製品とは言えなかった。歯ブラシやありふれたマウスウォッシュやデンタル・フロスなどは歯磨きほど数が出なかったし、利益率も低く、小売業者からすれば冴《さ》えない商材だった。高額帯の電動歯ブラシなどは、利益率はともかく数がそれほどさばけなかった。小売店は来店時の消費金額を増やすようなオーラルケア製品を求めていた。言いかえれば、カテゴリー全体にしっかり取り組み、量と収益性を両立する商品を求めていたのだ。答えはイノベーション（革新）だった。高収益な高機能フロス――テフロンを塗布してなめらかな使い心地ながらフロスがほつれない――や、カテゴリーを拡大する商品であるクレスト・スピンブラッシュ（通常の歯ブラシから上位移動してもらうための手ごろな価格の電動歯ブラシ）やクレスト・ホワイトストリップス（自宅でできる歯の美白製品という全く新しい商品性能を持っていた）などによって、消費者がオーラルケア全体に使う金額を増やしたのだ。

流通チャネルにとっての価値を考えることは、オレイの販売ルートを百貨店に移さず大手量販店に留《とど》める意思決定の際にも役だった。百貨店や専門店では、メーカーがテナント出店して店内店舗を構える。これは構造を複雑化し、メーカー間の売り場の取り合いや店舗の装飾競争につながってコスト高である。そこで既存の流通顧客との関係を生かして、オレイはプレミアム（上乗せ）価格のマスステージ商品とし、既存の量販消費者を上位移動させると共に百貨店や専門店のプレステージ（高級）顧客をも誘引する戦略を取った。この戦略は、量販店にとって売上高、利益、そして収益の拡大につながった。

顧客価値を理解するためには、営業マンが時々訪問するという従前のやり方に留まらない深く真剣かつ先進的な手法による取り組みが必要だ。P&Gでは二〇年近くも前から、マーケティング、ロジスティクス（物流システム）、財務、IT（情報技術）、人材開発などの各部門のスタッフを営業部門に統合し、ウォルマート、ターゲット、テスコなどの大口顧客のそばに常駐させている。一九九九年以降、売り上げと利益の大半を占める中核的顧客を重視する方針を取っていることも、こうした複合職能的な専業チームの後押しになっている。彼らの仕事は顧客のニーズを深く知り、互恵的な目的のために協調したり、共同で価値創造したり、勝つための行動計画を共有したりすることだ。目標がサプライチェーン（供給網）のコスト削減策であれ来客促進や売り上げ振興であれ、常に「どうやって」を考える。それが共同の価値創造につながり、顧客とP＆G両社の戦略的目的を達成するのだ。

最終消費者

最終消費者を理解するのは困難だ。あなたは何に価値を感じ、求め、欲しているのですか、などと単純に聞いても仕方がない。ヘンリー・フォードが自動車産業の黎明期《れいめいき》に、「顧客にどんな自動車が欲しいと聞けば、彼らは『もっと速い馬が欲しい』と言うさ」と語った逸話を思い出してほしい。消費者にとっての価値を知るには、彼らを本当に深く知る必要がある。単純な定量的調査の枠組みを超えた、もっと深く個人的なリサーチをしなければならない。店頭で買い物客を観察したり、彼らの話を聞いたり、家庭を訪問してあなたの商品をどう評価し、使っているのか行動を観察したりするなどだ。こうした深い理解を通じて初めて戦場や戦法の選択につながる深い洞察が得られる。

赤ちゃん用おしめもそうだった。吸水性を高めるという技術的側面ばかりに気を取られて、母親の気持ちを忘れていたのだ。母親にとって、吸水性はもちろん大事だが、柔軟性、布のような触感、使いやすいタブ、しっかりしながらゆったりもしている胴回り、明るいデザインさえもが重要だった。それまでの無味乾燥な説明書きより、セサミストリートの登場人物のようななじみのあるキャラクターの方が好まれることもわかった。おしめのサイズ表示も変えた。それまでは赤ちゃんの体重別に「○○ポンド〜○○ポンド用」としていたのが、(座れる赤ちゃん用、はいはいできる赤ちゃん用)などとした。

最終消費者をよりよく理解するために、P&Gでは二〇〇〇年代初めの一〇年大半を費やし、「MRD(市場調査部)」を「CMK(コンシューマー&マーケット・ナレッジ)」に改編した。MRDは伝統的に、非常に定量的な市場調査――商品やパッケージの試作案やマーケティングの選択肢から反応の高いものを選んだり、商品発売に当たっての販売予測や施策提案をするなど――をしていたが、CMKでは定量的調査と質的調査手法の両方にその他の先端的な調査手法も加味して、市場、セグメント、消費者について総合的に調査できるようになった。CMKはまた、デザイン界からも学んだ。デザイン界では、消費者の実際の行動分析(それも自己申告ではなく客観的な観察)によって、全体的な消費者理解を深めている。初代デザイン戦略及びイノベーション担当になったクラウディア・コッチカによるデザイン重視の姿勢もあって、消費者観察はP&Gの消費者調査の重要なツールの一つとなった。

消費者分析の結果、業界マップに再考を迫られることもある。オーラルケアの場合がまさにそうで、かつては大きな市場だった虫歯予防はそれほど大きなセグメントではなくなっていた。セグメントの規模(虫歯予防だけを気にしている消費者セグメントは思っていたより小さいこと)と新たなセグメントの創造(口内の健康全体を考えるセグメントの創出)の必要がわかった。

相対的ポジションの分析

業界と消費者についての理解が進んだら、次のステップは自分の相対的なポジションを能力とコストの二つの面で考えることだ。

能力

相対的能力とは、自社は競争相手と比べて顧客（流通顧客と最終消費者の両方）のニーズを満たす力をどのくらい持っているか、どうやってそれを蓄えればいいのか、というものだ。特に、いかに独自の能力を得るかが問題である。あるいは少なくとも、競争相手よりも低コストに顧客ニーズを満たせるかどうか、ということでもある。つまり、測定可能で持続可能な競争優位性をどうすれば持ち得るのか、ということだ。

論理フローの他の面と同じく、相対的能力の検討も、P&Gの戦略的選択にとって重要だった。例えば、製薬のような黒字事業をいくつも手放すことになったのは、この事業に必要な数々の能力が社の能力構造にうまく適合しなかったからだ。製薬事業では、FDA（アメリカ食品医薬品局）を相手に長く煩雑な臨床試験審査過程をこなさなければならない。製品はおおむね医者や薬局に直接売られ、最終消費者に影響を及ぼすことが全くと言っていいほどできない。多くの製品は長く使い続けてもらうことはできず、そのため消費者との長期的な絆《きずな》を生み出すブランド・ビルディング能力が十分に生かせない。P&Gの中核的技術との関連性も薄く、独自の技術開発が必要だった。だからP&Gは、検討と熟慮を重ねた上で、この事業から撤退した。

コスト

相対的能力のもう一面はコストだ。競争相手とおおむね同等のコスト構造を持てるか、ひいては彼らよりも明らかに低いコスト構造を構築できるか、である。これには二つの考え方がある。一つは、競争相手に比べて、同程度のコストでより優れた価値を提供できるだけのスケールメリット（規模の効果）、ブランディング、製品設計能力があるか、だ。もう一つは、コスト競争力を高めるようなスケールメリット、ノウハウ習得の早さ、独自のやり方、技術を持っているか、である。様々な戦法の選択肢を考える上で、これら二つの質問に対する答えがパラメーターを生む。

P&Gでは、コストが特に重視される分野がいくつかある。ファブリックケアやファミリーケアのような価格に敏感な業界や分野、そしてもちろん収入がはるかに低い新興市場においてである。何度も述べてきた通り、当社では手の届く価格のおしめ、剃刀《かみそり》、シャンプーなどを提供し、消費者の購買力に合わせるため、様々な方法を見いださなければならなかった。だが相対的コストは、オレイの場合でも問題だった。量販チャネルに留まることで、店内改装や販売員の人件費に大金のかかるプレステージ・チャネルで販売する高級ブランドに比べて流通コストが劇的に安上がりになった。このおかげで製品開発やマーケティングの費用を捻出でき、競争優位性を生み出せた。最後にGBS（グローバル・ビジネス・サービス）では、コストはP&Gの戦略にとって重要な要因だった。仕事を集約して大量購買によってコストを下げ、組織の中核的能力につながる分野に集中投資できたからだ。

相対的分析

図表7−1（186ページ）の上部の六つのボックスを考え抜けば、戦場と戦法の様々な選択肢が生まれるはずだ。選択に当たってはどこでどう戦うかを想定し、現状の競争戦略と比較し、予想される反応を考える必要がある。これが論理フローの四番目かつ最後の要素だ。考えるべきことは、あなたの戦場と戦法の選択に対する競争相手の反撃である。

これはどうしても、ある程度は推測によらなければならない。自分の行動に競争相手がどう反応するか、あるいはしないかは、完全には見通せない。だが単純に成り行きに任せずに競争相手の出方をじっくり検討しておくことは重要だ。持続可能な優位性か将来の大きな差につながる戦略でなければ投資する価値はない。相手が簡単にまねできる戦略、容易に対抗できる戦略に用はない。競争相手が現状を維持した場合にのみ有効な戦略は危険極まりない。

競争環境分析や競争相手の反応予想は、後にグラッドとのジョイント・ベンチャーに結実したインプレスやフォースフレックスなどの包装材料技術にとってとりわけ決定的になった。ただでさえ競争の厳しい家庭用品市場を正面突破しようとしたら全面戦争になり、たとえP&Gのより優れた技術をもってさえ勝てる確証はなかった。だから別の戦法が必要だった。この競争環境予想が、新技術の商品化についての新たな、そしてより優れた戦略をもたらしたのだ。

競争相手の反応は、P&Gが一九九〇年代に日本で食器用洗剤を発売した時にも重要なポイントとなった。当時、この市場は花王とライオンという大手に独占されていた。いずれも、洗剤を希釈して大型ボトルで販売していた。製品に差があるとすれば、せいぜい名前と香りくらいだった。

当時アジアの洗剤及び清掃用品担当の副社長だったボブ・マクドナルドらは、米国でダウンの名で成功していた油汚れ落とし能力の高い独自技術を用いて、食器用洗剤ジョイの発売を計画した。この製品は高濃度で、競合製品に比べてボトルの容量が四分の一だった。

ジョイは消費者の価値（油落とし能力はまさに中心的ニーズだった）に合致しているようだったし、小売店も売り場の販売効率を高めるプレミアム商材として歓迎してくれそうだった。だが、競争相手はどう反応するだろうか？　様々な競争予想図が描かれた。競争相手が従前通り大型容器入り希釈液体洗剤を売り続ければ、ジョイは楽勝と思われた。また競争相手が従来型の販売を継続しつつ濃縮タイプも併行して販売すれば、やはりジョイが勝てるだろう。競争相手のコストは大幅に高まるし、戦力を分散されるからだ。本当の脅威は、競争相手が従来の洗剤を廃し、高濃縮型に集中してくることだった。この場合は、しっかりと根付いた地元勢の類似商品に勝てる見込みは薄かった。

そこでチームは、競争相手の出方をできる限り考え抜いた。花王とライオンは伝統的な大企業で、既存のビジネスに大型投資をしており、特に食器用洗剤カテゴリーの利益の大半は希釈型洗剤で稼いでいた。だから最悪でも希釈型と濃縮型の併売に留まるだろうと考えられた。もしそうなれば、ジョイが地歩を固める時間が稼げる。実際彼らは予想通りの行動を取り、ジョイは濃縮型という新たなセグメントを作り出して、その大半のシェアを取った。一九九七年には食器用洗剤市場全体の三〇%のシェアを占め、日本の食器用洗剤のトップブランドとなった。

戦略の枠組み

良い選択をするには、環境の複雑性を理解する必要がある。戦略的論理フローは、持続可能な競争優位性を生むための分析を可能にする。まず、自分が戦っている（あるいは戦う予定の）業界を観察し、どんな明確なセグメントがあるのか、その相対的な魅力はどうかを考える。これを省けば、現状通りの業界マップしか見られず、新たな可能性は見いだせない。次に顧客に目を向ける。流通顧客や最終消費者は何を本当に欲し、必要とし、有り難がるのか？　そしてそれらは、あなたの現状の商品やサービスとどう合致しているか？　これを考えるには、流通パートナーと共同で新たな価値提案をし、また最終消費者について深い知識を得なければならない。その次は、内省の時だ。自分は競争相手に比べて、どんな能力やコスト構造を持っているか？　差異化が得意か、それとも低価格プレーヤーなのか？　それによって、選択を考え直そう。最後に、競争相手について考えよう。競争相手は、あなたの行動に対し、どう反応してくるだろう？ 考えを進めていきながら修正しよう。戦略論理フローは基本的に左から右へと流れていくが、各要素は相互関連性があるので、柔軟に扱う必要がある。

こうした戦略立案の枠組みは、忍耐と想像力を要する。またチームワークも必要だ。どんな新戦略も社会的な背景から生み出されるものであり、単独で机上の論理でできるものではない。多種多様な背景を持つメンバーが、課題に対する多面的な視点を持ち寄る必要がある。どんな組織も多種多様な人々から成るのだから、戦略立案に当たっては共同作業が欠かせない。皆で集まって考え、連絡し、決定し、共に行動し、有意義な成果に達するのだ。戦略的論理フローは、戦略についての思考を簡便化し、その根本を成す分析的要素を配置し、一貫性ある思考を進める。だがこれだけでは、社内で健全な戦略を立案するには不十分だ。選択を促すためのプロセスも必要だからだ。次の章では、これを扱う。

戦略的論理フローについてやるべきこと、やってはいけないこと

- 戦略的選択の四つの重要な側面を探ろう。業界、顧客、相対的なポジション、そして競争である。
- 業界の現状認識を超えて、市場の新たなセグメントを想像してみよう。

・業界全体を不可変あるいは代わり映えしないと考えるな。様々なセグメントの様々なダイナミクスを考え、どうすれば競争環境が変えられるかを考えよ。
・流通顧客と最終消費者の両者にとっての価値を考えよ。もしいずれか一方しか満足させていなければ、その戦略は不完全だ。勝てる戦略はウィン＝ウィン＝ウィンだ。つまり流通顧客、消費者そして自社にとっての価値を生み出すものだ。
・しかし流通顧客や消費者が自分にとっての価値を話してくれると思うな。それを探り出すのは、あなたの仕事だ。
・自分の相対的能力やコストに甘んぜず、最強の敵と比較し、どうすれば勝てるかを考えよ。
・あなたの選択に対して考えられる反応を広く予想しておけ。そしてどうなったら、競争相手に勝利を阻まれるかを考えておけ。

戦略論理フロー完成への長い道のり

ロジャー・L・マーティン

振り返れば、戦略論理フロー完成への道のりは長く険しかった。マイケル・ポーターがその根本となる知的資産を一九八〇年発刊の著作『競争の戦略』と一九八五年刊行の続作『競争優位の戦略』

（いずれもダイヤモンド社）で発表したことを思えば、意外かもしれない。だがこの本を読んで戦略に取り組んでみると、実際には決して単純な作業ではなかった。

モニター社に勤めていた頃、ポーターの著作を読んだクライアントから戦略の五つの力の分析を依頼されることがよくあった。あるクライアントが、より良い戦略提案を求めてきた時には、特に大変だった。だが私たちは若く情熱的で有能でポーターが発案したツールに入れ込んでいたので、おなじみのブラックボックスからいつも何かしらを導き出せた。本当に厄介だったのは、戦略立案の方法を教えてくれ、良い戦略と悪い戦略の見分け方を教えてくれと言われることで、この方がずっと難しかった。

一九八七年、イートン社がまさにこの仕事を依頼してきた。同社の各事業部と一緒に、良き戦略を立案してほしいというのだ。私はミシガン州バトルクリークに飛び、同社のトラック車軸事業部と一緒にこの課題に取り組むことになった。研修を始めてすぐ、教えているのは戦略の分析ツールであって、戦略立案全体の方法論ではないことを思い知らされた。そして、顧客分析と競争相手分析と相対的コスト分析の関わり合いはどうなっているのか、それは五つの力の分析とどう関わるのかと考え込まずにはいられなかった。クライアントは本に夢中なあまり、こうした分析間の乖離《かいり》を忘れてしまっているようだった。ある夜、ホテルの部屋に戻って各要素をまとめるダイアグラムを整理しながら、戦略立案にはどこから手をつければいいのか、一つの分析から次の分析へはどうつなげばいいのかと戸惑ったのを覚えている。

分析ツールの枠組みをまとめてほどなく、P&GのASM（応用戦略管理）の仕事に呼ばれた。CEOだったジョン・スモールから、我われの戦略ツールを同社のカテゴリー・マネジメント・チームに教える研修プログラムを開発するよう依頼されたのだ。同僚のマーク・フラーやボブ・ルーリーと共同で三日間の研修プログラムをまとめ、それを世界の四つのリージョンで教えて回った。当初は、様々なツールを教える作業に集中した。イートンでの経験で、顧客が本当に求めているものを理解しなければ有意義な能力分析をすることは難しいとわかっていたので、能力分析より顧客分析を優先した。だが顧客も様々だから、それにはまず業界分析とセグメンテーションを教えなければならなかった。ところがセグメンテーションは伝統的に顧客分析の一環として教えるものである。競合分析も厄介だった。私は競争相手の反応を重視していたので、これを最後にやることにしていた。だがもちろん、競争相手についてのある程度のこと（例えば相対的な能力についてなど）は、事前にわかっていなければならなかった。

ASMはまだ、戦略立案のためのツールとして十分に確立したとは言えなかったが、私の仕事はイートンの頃よりはるかに向上した。例えば、ASMの方がはるかに組織的に構成されており、二つの良い結果も生んだ。一つは、P&Gには優秀なマネジャーが大勢いたので、彼らはともかくちゃんと戦略を編み出したこと。それから一〇年も経ってから、あるP&Gの幹部はデスクの一番上の引き出しからラミネートした一枚のシートを取り出して見せてくれた。それはASMに独自の工夫を加えた戦略立案ツールで、それを自分の仕事に生かしてきたという。他にも、ASMに則って戦略立案をするP&G関係者は多かった。二つ目は、ASMを繰り返し教えることで（リージョンごとにカテゴリーが二〇もあった）、私自身も彼らの本当の課題を十分に理解し、ASMがそれにどう助けになるか、またならないかがよくわかった。そして、様々な側面を一枚の分析ツールにまとめること――例えば競争相手分析の下に、彼らの反応予測、コスト構造分析、能力分析をまとめるなど――が、彼らにとって分析をうまく生かす妨げになっているのだとわかり始めた。

ASM開発とそれに続くP&Gの戦略管理プログラムの原則は一九八九年まで続き、翌一九九〇年のウェストン・フーズでの私の仕事の下地になった。ジョージ・ウェストン・リミテッドの子会社として数十億ドルの規模を持つウェストン・フーズでは、新CEOデビッド・ビーティ、上級副社長ジム・フィッシャーを頂き、いずれもが非常に優秀で、マッキンゼーのコンサルタントとして長い経験を積んでいた。だがウェストン・フーズは、多種多様な事業を食品業界の通例通り事業部社長制で行っており、戦略らしいものはないに等しかった。計画があるとすれば、金銭的な予算についてのものだった。ビーティとフィッシャーは、凡庸な業績を向上させるため、現代的な戦略立案法を導入したがっており、そのために私を雇ったのだった。仕事の中心は、事業部社長や財務部門幹部を社外に集めての研修会議だった。この会議で戦略立案の枠組みを教え、実際に戦略立案を指導した。

イートン、P&Gその他の仕事で学んだことを一枚の用紙にまとめるに当たっては、私もさんざん苦労したと認めるにやぶさかではない。戦略の思考過程の特徴をついにまとめあげたのは、実際、ウェストンの研修が始まる数日前だった。課題を重要な問いに煮詰め、それに答えながら戦法を選択できるツールをまとめ上げたのだ。四つの大きな分析カテゴリーの下に七つの問いがあり、業界に始まって次に顧客、そして相対的なポジション、競争相手へと配列されている。もちろん、完全に一本調子、一方通行のプロセスではなく、様々なフィードバックや副経路がある。だがこの新たな構造は、戦略選択に当たっての論理の流れを素直にまとめたものだ。

何よりも、これは役に立った。ウェストン・フーズの人々は戦略立案に関わった経験はなかったが、見事にやり遂げ、戦略について質の高い議論をするようになった。私は心満たされてその仕事を完了した。戦略についての発想法である戦略論理フローは、それから一〇年にわたって、私の戦略コンサルティングの仕事の基盤になっている。

第8章

勝機を高める

戦略については、唯一絶対の答えはないし、永遠に通用することもない。勝利の定義を明確にし、論理フローのようなしっかりした分析ツールを持ち、しっかりと検証機会を持つことは、思考や分析の助けにはなるが、それでも良い結果が得られるとは限らない。つまるところ、戦略を立てるとは完璧を期すということではない。勝機を高めるということに他ならないのだ。

よくあるやり方

組織で戦略を立てる際にはたいてい、決定的な解を求め、非の打ちどころのない論理を固め、社内にそれを売り込もうとする（図8－1）。まずは社内のプロジェクトチームか外部コンサルタント、あるいはその両方が、消費者が求めているものや業界の競争構造などを考えたり、それについての仮説を検証する。いずれにせよ、まずはデータの海に飛び込む。

やがて、戦略の原案が浮かび上がってくる。実現性ある案を作らなければと焦るあまり、創造性は自然と抑制される。型破りな案など骨折り損のくたびれ儲《もう》け、下手に買いかぶられると厄介というのが暗黙の了解である。勢い、通り一遍の堅実な案を求める。たいていは、資金のめどが立つかどうかだけで評価される。現在価値が高い案や社内で支持されやすい案が、最善の案とされやすい。

この段階では、えてして最善の案を求めて膨大なデータが検討される。コンセンサス（合意）を得るために妥協を重ねる。こうしてできた現場の妥協案は、社内上層部に熱心に売り込まれる。そして

図8-1 戦略立案の社内営業プロセス

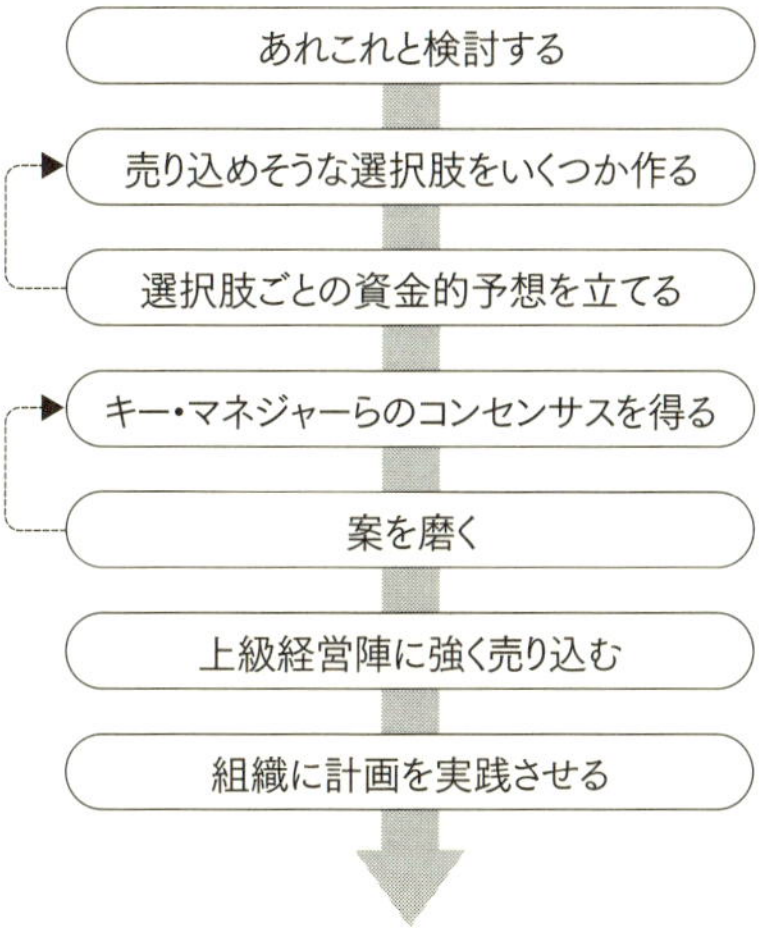
あれこれと検討する
売り込めそうな選択肢をいくつか作る
選択肢ごとの資金的予想を立てる
キー・マネジャーらのコンセンサスを得る
案を磨く
上級経営陣に強く売り込む
組織に計画を実践させる

上層部の妥協もいくらか加わり、戦略は組織全体に通達される。

こうした通例には、様々な問題がある。第一に、しらみつぶしの検討は時間の無駄で、割高で、総花的で上っ面になる。さらに、たいてい分析麻痺《まひ》のあげく、却って全体像が見えにくくなる。案を持ち寄っては否定され、あげく険悪になったりもしやすい。無理に案をまとめようとすると、妥協に流されるばかり。創造性は抑えられ、既存のデータに則《のっと》って議論をまとめようと焦り、独創的な案はつぶされていく。手間がかかる割に、うわべだけの協力に落ち着きがちで、結局は誰も心から納得していないので行動につながらない。上級経営陣は、戦略提案が上がってきた最後の段階で関わるので、彼らの経験や洞察、アイデアは取り入れようがない。

要するに、苦しくも非生産的な道のりのあげく、これという強い選択肢は何も生まれないのだ。戦略立案にマネジャー諸氏の食指が動かないのもむべなるかな。

正しい問い

こんな状況を一変させられる一つの問いがある。**どんな条件が整えばその戦略は有効になるのか**、だ。これを問うことで、我を張ることなくアイデアが生まれる。より幅広く、特に予想外の選択肢が検討できるようになる。いがみ合いや軋轢《あつれき》も大幅に減り、非生産的な軋轢を最高の戦略的アプローチを見つけ出すための建設的な緊張感にしてくれる。そしてつまるところ、明確な戦略へと導いてくれる。

誰もが最高の戦略を求めている。個人に自案を出して守り抜けというのではなく、このアプローチならチームで最善の解を導き出せる。通常は「どうなっているか」を議論するが、それを「どうなっていなければならないのか」に変えれば、いがみ合いを協力にできる。考えの不一致から目をそむけるのではなく、違いを浮き彫りにした上で解消し、より強い戦略、そしてそれに対する真剣な取り組みを促すものだ。

このアプローチは、図8－2のようなステップを踏んで進められる。まず根本的な選択から始まる。勝利のアスピレーション（憧れ）に基づいて、自社、カテゴリー、職能、ブランド、製品について、

図8-2｜戦略的選択肢のリバース・エンジニアリング

少なくとも二つの案を出す。次に、考えられる戦略案をブレインストームする。もちろん様々な戦場と戦法の案に基づいてのことだ。次にそれぞれの選択肢について、どんな条件が揃《そろ》えば勝てるのかを考える。

こうして得られた条件こそ、実現しなければならない。この段階ではまだ案を絞る必要はない。どんな条件が整えば、各選択肢が有効になるのかを考えればいいだけだ。

次に、様々な条件を考え、最も持続性があるものを検討する。逆に、実現の見込みの薄い条件を必要とする案は外される。こうして案を順に検討していくうちに、どんな条件が最も実現性と持続可能性があり、どんな選択が最も強いのかがわかる。最善の戦略的選択が、徐々に浮き彫りになるのだ。

一連の過程を抽象的に述べれば右のようにな

るが、さて、これらの詳細を順に述べていこう。具体例として、冒頭で述べたオレイを用いる。

①選択肢の枠組み

一般論として、任意の問題——売り上げが下がり調子だとか、業界に新技術が導入されたなど——は、対策の選択肢を持たない限り解決されない。選択肢がわからないと、問題をしっかり認識できないか、進むべき方向感がつかめない。売り上げが下がっていると一晩じゅうこぼしていても、何のたしにもならない。だが明確な選択肢にすれば、すぐに現実感ある有意義な対応が取れる。例えば、製品をテコ入れすべきかどうか、製品ラインを絞り込んでコスト削減を図るべきか、そっくり事業から撤退するか、などの選択肢にすれば、具体的な議論ができる。選択肢を書き出せば勘も働く。それぞれの肢についてどう感じるか、最高の選択をするにはどんな情報が必要かを考えよう。

選択肢を書き出すに当たっては、問題の様々な解決法を明確にしなければならない。対案になるような（例えばそれらを並行して追求することは容易ではないような）選択肢を書き出そう。そんな選択肢を最低でも二つは持たないと、きちんと枠組みができたとは言えない。さあルビコン川を渡った。利害が明確になり、次の出来事がはっきりし、最善の答えを見いだすべく仲間を発奮させる段階だ。

オレイの場合でも、選択肢の枠組みが重要だった。それによって利害はすぐさま明確になった。衰退するブランドにいじいじすることなく、選択肢を書き出して行動につなげた。選択肢は二つだった。オイル・オブ・オレイを生まれ変わらせてランコムやラ・プレリーのようなブランドと戦うか、それとも数十億ドルを投じて既存のスキンケア・ブランドを買収して戦うか、である。

②戦略の選択肢を作る

問題解決の選択肢を枠組みしたら、次の課題は選択肢を広げること。創造的で型破りな案を組み込むチャンスだ。選択肢は目標に至るまでの幸福な物語の形で表現する。だからむしろ可能性と言った方がよい。物語で表現するのは、確証がないからといって案を没にしてしまわないためだ。まだ実現可能性を話す段階ではない。ただ、そんな物語の世界を描けばいいのだ。

どんな提案や奇抜な考えも排斥すべきではない。開放性をモットーに、メンバーの誰かが「面白そうだ」と思ったアイデアは自動的に選択肢に含むことにしてもいい。発案者が気後れしないように、案をはねつけないことをルールにしよう。

奇抜な案が集まるにつれて、どうしても不安になる。こんな案、と思うものもあるかもしれない。だが、最初から心配することはない。どの案も等しく背景の論理を調べられ、綿密に議論される。この段階ではまだ絞り込む必要はない。

浮上してきた案は、既存の選択肢と程度やニュアンスなどの点で通じる点があるかもしれない。オイル・オブ・オレイの場合でも、既存の価格帯に留《とど》まることや、上位市場に移行させること、ニベアやクリニークの買収などの案を検討した。また、選択肢がさらに広がる可能性もある。P&G（プロクター・アンド・ギャンブル）の美容事業では、人気メーキャップ・ブランド「カバーガール」をスキンケアにも拡張し、グローバル・ブランドに育てる選択肢も浮上した。

結局、戦場と戦法の選択については五つの案を検討した。一つはオイル・オブ・オレイにはおおね見切りをつけ、グローバルなスキンケア・ブランドを買収すること。二つ目は旧来の入門用ブランドの位置付けを維持し、新技術のしわ取り効果で既存の消費者にアピールする方法。三番目は、オイル・オブ・オレイを上級市場に移行させ、プレステージ（高級）・チャネル（経路）で高級ブランドとして販売すること。四番目は、オレイとしてブランドを一新し、プレステージ風の商品として若い顧客層（三五歳から五〇歳）に広くアピールすること。流通チャネルは従来の量販店ルートの中でも、店内に特設ディスプレイでマスステージ売り場を作ってパートナーとして協力してくれるところを選ぶ。五番目は、カバーガールをブランド拡張してスキンケアに進出するということだった。

③前提条件を特定する

様々な案が出揃ったら、それらの前提条件を考えなければならない。すなわち、それら選択肢の有効性のためには、どんな条件が揃わなければならないのか、だ。条件を決めつけるのではなく、一丸となって仕事を進めるためにはどんな条件が揃わなければならないのかの論理を整理することが目的である。

この違いは重要である。戦略の議論ではえてして、攻撃的な決めつけから反目が生まれたりしがちだが、これは不毛である。「そんなやり方は通用しない！　消費者から総すかんを食ってしまう！」

図8-3 条件を整理する

その案のためには、どんな条件が整わなければならないか？

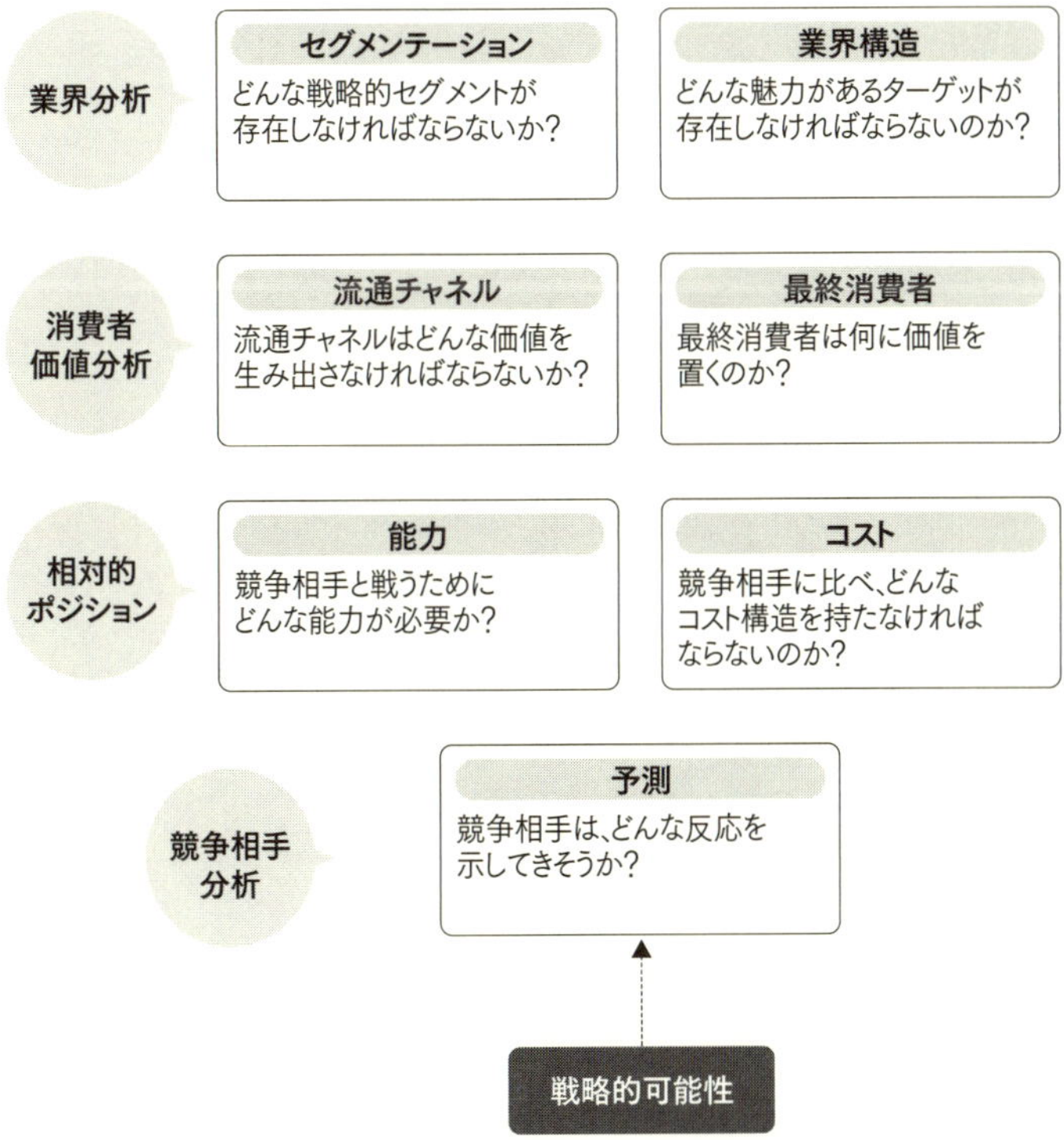
業界分析
セグメンテーション
どんな戦略的セグメントが存在しなければならないか？
業界構造
どんな魅力があるターゲットが存在しなければならないのか？
消費者価値分析
流通チャネル
流通チャネルはどんな価値を生み出さなければならないか？
最終消費者
最終消費者は何に価値を置くのか？
相対的ポジション
能力
競争相手と戦うためにどんな能力が必要か？
コスト
競争相手に比べ、どんなコスト構造を持たなければならないのか？
競争相手分析
予測
競争相手は、どんな反応を示してきそうか？
戦略的可能性

と言うより、「この選択肢を採用するには、消費者はこう反応しなければならないはずだ」と言えば、雰囲気はがらりと変わる。案の評価に際しては、大本の疑問をはっきりさせれば建設的に議論できる。こんな議論なら、提唱者も修正案や裏付けを出しやすくなる。

検討案を有効にするための条件を探ることは、リバース・エンジニアリングの論理構成を取っている。図8－3は、この構成を図示したものだ。七つのボックスごとに、どんな条件が整っていなければならないかを整理できる。

この段階では、その条件の正否は全く考える必要はなく、その種の意見はむしろ非生産的である。とにかく、必要な前提条件を冷静に考えればいいだけである。

個々のメンバーの意見を同等に扱い、誰も気後れしないようにしなければならない。このリバース・エンジニアリング作業は、発案者個人ではなくグループ全員でやらなければならない。誰の案だからどうということはない。案と個人を結びつけないために、外部から司会役を連れてきて冷静に細大漏らさず意見を拾い上げるのもよい。少なくとも誰か一人でも中立的な協力者をチームに入れることには、非常に大きな価値がある。オレイの場合の七つの条件チャートは、図8－4の通りだ。

業界分析としては、オレイのマスステージ・セグメント（区分）を成立させるための条件として、老化の兆しを気にしておりその対策商品を求める大勢の女性客がいなければならなかった。さらに、バイヤー（買い付け担当者）、サプライヤー（供給者）、新規参入者や代替製品、競争相手などとの力関係で、少なくとも構造的に魅力的でなければならなかった。

図8-4　オレイのマスステージ展開案

この案は、オレイをより若い顧客層に向けて、「老化の七つの兆しと戦う」というプロミスのもとにリポジショニングするというもの。それには、消費者が量販店でプレステージ風の商品を買うマスステージ・セグメントを作るため量販顧客との協力関係が必要だった。この案が成功するためには、次のような条件が揃っていないければならないことを、事前に整理した。

業界分析

セグメンテーション

- 「老化の七つの兆しと戦いたい」と思っている女性が十分にいること。

業界構造

- 新生マスステージ・セグメントが、少なくとも既存の量販セグメントと同等以上に構造的な魅力を持っていること。

消費者価値分析

流通チャネル

- 量販顧客がマスステージ体験で消費者を引き寄せるというアイデアに賛成してくれること。

最終消費者

- 新生マスステージ・セグメントが、少なくとも既存の量販セグメントと同等以上に構造的な魅力を持っていること。

相対的ポジション

能力

- プレステージ風のブランド・ポジショニング、パッケージング、店内販促を量販店チャネル内で作れること。
- 量販店や強い量販小売店とパートナーを組んでマスステージ・セグメントを作り出せること。

コスト

- 価格のスイートスポットで発売できるプレステージ風の商品を開発できること。

競争相手分析

能力

- 既存のプレステージ競争相手は、流通チャネル顧客に遠慮してマスステージ・セグメントに進出してこないと思われること。
- 低価格帯をオレイ・コンプリートでカバーしているため、量販向け商品の競争相手は追従しにくいと思われること。

オレイ・マスステージオプション

流通チャネルは、マスステージというコンセプトを理解し、P&Gと協力してオレイ・ブランドの強みになるような新しいセグメントの売り場体験を提供してくれる必要があった。一方P&G側としても、量販客をより上位価格帯に引きつけ、一方ではプレステージ客を量販店に引き込める価格帯を見いださなければならなかった。

相対的なポジション分析としては、製品開発、流通パートナーシップ、ブランド・ビルディングなどの点で諸条件を満たす必要があった。コスト面では、プレステージ風の高級商品を、競合するプレステージ商品よりも安く作れなければならなかった。

最後に、競争相手の反応はどうあらねばならなかったか？　プレステージ競争相手は、勝手知った百貨店や専門店ルートから離れられず、量販店チャネルに浮気することはできなかった。また、大衆商品の競争相手も、技術やブランディング能力という観点から、強い競合製品を作れる見込みは低かった。

条件が一通り明らかになったところで、これを皆で検討する。さてそこで、ある条件だけが満たせなさそうな案があったら、どう考えればいいのか？　これは希望的か絶対的かによって違う。たいていの場合、検討を通じて、古い条件の多くは新しい条件に織り込まれていく。例えば、現行の製品よりも新製品の方が小売業者にとって利益率が高くあるべきという希望的条件があったとする。だが、何らかの方法で（売り上げ増大などによって）新製品の販売量が増やせる見込みがあるなら、利益率は同じであっても小売店は新商品発売に協力してくれるかもしれない。このように、全ての条件をまとめていくうちに、希望的条件は除外される。このリバース・エンジニアリング作業は、絶対的条件についてメンバー全員の理解が一致して初めて完了する。絶対的条件の全てが揃った場合にのみ、その案には大きな可能性が見いだせるはずだ。

④選択肢の障害をはっきりさせる

四番目のステップは、真逆の方向に向かう。これまでのステップでは、私見を差しはさまずに案をまとめた。だがこの段階では、まとめた案に批判的な目を向け、実現の難しい条件を整理する。条件が持続的に整わない案は選択できない。条件確保のめどが立つまで、その案は棚上げにする。

出揃った案に対する批判は、この段階で解禁する。この段階では、懐疑的なメンバーの意見をよく聞くことが非常に重要である。選択を誤らないための貴重な保険になるからだ。一人でも疑義を唱えた前提条件は、重要な疑問リスト（阻害条件リスト）に残す。さもなければ、そのメンバーは最終決定に納得できなくなる。全員の批判がきちんと受け入れられて初めて、誰もが作業全体の進行を信頼できるのだ。

オレイの場合は、六つの条件の全てに自信が持てた。潜在的な顧客層は十分な規模が見込めた。事業構造にも魅力があったし、小売店とのパートナーシップも実現できそうだった。収益力が得られるコスト構造も実現できそうだったし、プレステージ競争相手はこの戦略に追従してくることはなさそうだったし、量販競争相手は追従できなさそうだった。だが、ちょっと不安な条件も三つあった。程度の順に、量販店の顧客層が全く新しい、かなり高い価格からの商品ラインを受け入れてくれるかどうか。次に量販店がマスステージ・セグメントの確立に協力してくれるかどうか、最後にP&Gがプレステージ風の商品を開発できるかどうかだった。

⑤実現性の検証

阻害条件が明らかになったら、作業メンバー全員が一致して結論を出せるまで検証をしよう。作業内容は、数千人を対象にした消費者テストかもしれないし、一人のサプライヤーに取材するだけかもしれない。膨大なデータ処理を要するかもしれないし、全く質的な調査かもしれない。オレイの場合、プライシング(価格設定)が重要な阻害条件だった。そこで、三つの価格帯で受容度テストをやってみた(第1章で詳述した通り、一二・九九ドル、一五・九九ドル、そして一八・九九ドルである)。だが全ての企業が十分に市場調査ができるわけではない。場合によっては工夫を凝らして代替的な手を打たなければならないこともあるだろう。例えば類似業界を調べて、製品のリポジショニングの成功例や失敗例を参考にするなどだ。P&Gでも競争相手のこれまでの反応を振り返って、競争相手ごとに出方をじっくり予想した。

この段階では、有意義な検証作業をすることが大事だ。この意味で、最も懐疑的なメンバーが最も有益だ。たいてい、このメンバーがどんな検証作業についても最高の証拠を出すし、最も厳密な検証をする。こうした熱心な取り組みのないコンセンサスは、どうしても信用できない。このため個々の案に対する検証方法は、それらに最も懐疑的な人物に設計させるべきだ。彼の検証に適《かな》う結果が得られれば、信用できる。

この場合、その懐疑的な人物が公平な検証計画を設計できない危険が残る。だが経験的には、あまり心配はいらない。相互監視作用が働くからである。A案よりB案を推奨する人物がいて、A案に否定的な結果が出やすい検証作業をしたとする。この場合、A案を推すメンバーが、その検証方法の不適を指摘できる。だから、みなできるだけ公正でスマートな仕事をしようとする。

メンバーの意見は多様なのでそれぞれが様々な検証を要求するかもしれないが、実際にはえてして、一つのしっかりした検証法に収束するものである。

⑥検証の実施

さて、この段階までにおおむね一つの検証方法が設計できたはずである。ここで、怠け者のアプローチと呼ばれる方法をお勧めしたい。これは、最初に最も疑わしいと思っていることから試験してみるというもの。まず、最も得がたい条件を検証してみる。それが得られないとわかったら、その戦略案はボツにしてよい。逆に最も実現性が疑わしい条件が検証試験をクリアしたら、二番目に疑わしい条件を検証する、という風にどんどん検証作業を重ねていく。検証作業はえてして時間も費用もかかるが、こうすれば大きな節約になる。

一般的には諸条件を並行して検証するが、それでは試験の数が増え、しかしその多くは実際の意思決定には不必要なものであったりして無駄が多い。また総花的で表層的な検証になったりもする。しっかりした意思決定のためには、絞り込んだ対象について深く調べて裏付けを取ることが大切だ。リバース・エンジニアリング方式と怠け者の検証アプローチの組み合わせなら、それが実現できる。

たとえばオレイの場合なら、価格受容テストを最初にやった。こうして二〇ドル近辺が有効とわかった後に、小売店がマスステージ展開についてP&Gと協力してくれるかどうかについての調査に移った。重要な流通顧客との綿密な会議を重ねて、この点も解消した。そしてP&Gがマスステージ体験を提供できるかどうかについては、デザインや試作品などの消費者テストを通じて検証した。

⑦選択する

選択することは通常、手間のかかる作業だ。出席者全員に分析データの分厚いバインダーが配られ、それらをよく踏まえて選択せよなどということがある。利害が重大な割にこうした論理の整理が不十分なやり方では良い選択などおぼつかない。だが我われのリバース・エンジニアリング方式の場合、選択は単純であっけないほどだ。選択結果はむしろ自明で、最終段階において喧々諤々《けんけんがくがく》の議論をする必要はない。オレイの場合でもそうで、マスステージ展開戦略の選択は明々白々だった。

要するにこれが、戦場と戦法を選ぶ過程である。まず、両立し得ない選択肢の案を少なくとも二つ揃える。次に、それを広げる可能性を探る。三番目に、各案を論理フローに当てはめて、その前提条件を考える。四番目に、どの前提条件が最も得がたい（阻害条件）かを考える。五番目に、この阻害条件の検証試験を設計する。六番目は、検証試験の実施。最後に、検証試験の結果を踏まえて、戦略案を選ぶ。これは、当初に可能性を大きく広げ、それから計画的に絞り込んでいく方法だ。多角的な意見によって議論を深めるのである。

リバース・エンジニアリングについてやるべきこと、やってはいけないこと

・初めから何ができそうかとあれこれと考えて時間を無駄にするな。リバース・エンジニアリング手法によって、本当に知るべきことだけに集中せよ。
・重要で現実性があり明快な選択肢を最初に決めよ。
・初期段階では、そこから様々な戦場と戦法の選択肢案を広げよう。当初から、現実性のあるものだけに絞り込む必要はない。意外な案には面白い要素、ためになる要素がえてしてあるものだから、学ぶに越したことはない。
・案を検討するためには、それが成功するためにはどんな条件が揃っていなければならないかを考え続けよう。
・過程を進めながら、それまでの希望的条件を切り捨てていこう。条件は全て絶対的、すなわちそれが実現し続けなければその選択案は意味がないというものでなければならない。

・この後の段階で、懐疑派に不安を具体的に述べさせよう。どんな条件が成立しにくいと考えているのか、明確に述べさせよう。
・条件の検証テストは、その案の賛成派にではなく懐疑派に設計・実施させよう。やがて懐疑派さえ納得する案なら、誰もが納得する。
・最大の阻害条件から順に検証していこう。この段階でその条件が実現しなさそうとわかったら、その戦略案はもう没にできる。
・リバース・エンジニアリング作業のために、進行役を使うことを考えよう。物を考えていく過程を通じて、これは役に立つものである。

戦略の最も重要な問い

ロジャー・L・マーティン

最大の失敗から最大の教訓が得られることもある。戦略について、私の場合もまさにそうだった。コンサルティングのキャリアを通じて最大の失敗が、私にとって最大の教訓になった。

一九九〇年、私はさる地域的な消費者製品企業の新任CEO（最高経営責任者）と仕事をしていた。その会社は（もちろん社名は明かさない）、比較的小さな市場で支配的なシェアを持っていた。

その頃、ある投資銀行が、隣の地域の代表的な競争相手を買収しないかという話を件《くだん》のCEOに持ちかけてきた。対象となる企業はその数年前に一億八〇〇〇万ドルでレバレッジド・バイアウトされていた。今では一億二〇〇〇万ドルで買えるという。興味をそそられたCEOが、機会分析を依頼してきたのだった。

私たちは綿密な分析を行い、この買収は得策ではないという結論に達した。買収相手の地盤の競争ダイナミクスは先がなかった。その企業はいまだに地域トップのシェアを持っていたが、ローコストの新規参入者によって急速にシェアを蚕食されており、それまで私のクライアントとの間で二社で共存共栄していた状況が、いまや三《み》つ巴《どもえ》の激戦になっていた。この業界は、流通のスケールメリット（規模の効果）上、トップ二社だけがそこそこの利益を上げられるという構造だった。そして買収対象は三社のうち、最も脆弱《ぜいじゃく》なようだった。買収相手が多額の損切りをしてまで身売りしようとしているのも不思議はなかった。私のクライアントは買収価格に興味をそそられていたが、一億二〇〇〇万ドルの価格をもってしても、明らかに良い話ではなかった。そして私たちは、その結論をCEOにプレゼンテーションした。

CEOは私たちの提言を受け入れ、投資銀行に見送りの結論を伝えた。そこまではよかった。だが一年後、そのCEOから連絡があり、今ではその会社をわずか二〇〇〇万ドルで買えるのだがどうかという。私は分析をアップデートするので時間が欲しいと頼み、週末の間の猶予をもらった。経過した一年間のデータを加味して分析したところ、ターゲットは死のスパイラルに落ち込んでいた。一九九〇年は黒字だったが、一九九二年には赤字が予想された。赤字化を食い止める、あるいはそれを遅らせる方法さえ見いだしようがなかった。

私は一〇〇枚ほどのプレゼンテーション・スライドを用意して、報告会議に向かった。表紙は簡潔かつ要領を得ていた。「買収価格がいくらでも答えは『ノー』。社と自分のキャリアを破壊する買収になる。だめです。ノーと返事をしてください」。

だが彼はイエスの判断を下し、その会社を二〇〇〇万ドルで買った。その価格なら、強いブランドを持つトップ企業は掘り出し物だ、とても見逃せないというのだった。

だがやはり断るべきだった。買収した会社は、ほぼ即座に赤字転落した。そして赤字は雪だるま式に増えていった。事業撤退コストは法外に高いので、どんな値段で売りに出しても引き取り手はなかった。親会社の業績の足も引っ張り始め、買収企業に資金供給するために好業績の部門まで売らなければならなくなった。一九九四年、件のCEOは解雇された。一九九九年、かつては強く独立していた親会社は、はるかに大きな会社に買収された。やがて箸《はし》にも棒にもかからずじまいの問題の部門は業界他社に売り払われた。

当初、私は判断を誤ったと件のCEOを責めた。判断は明確だったのに、彼はまともな助言を蹴ったのだ。私は別のクライアントの担当になり、それまでと同じやり方で仕事を続けていた。だが心には、重いしこりが残った。どうして知的で当時は成功していたCEOがあんな判断をしたのか？　どうしてわざわざ有料で得た私の助言を無視したのか？　釈然としなかった。

そして一九九四年、私はある鉱山会社の仕事で、老朽化した鉱山に追加投資をするか、それとも閉鎖するかの判断を手伝った。企業側と私たちの半々で構成する一〇人編成のチームだった。選択肢もそれについての意見もまちまち。そのとき不意に、脳裏に件の買収案件の経験がフラッシュバックし、私は悟った。私は案件について強い意見を持っていたが、そんなことは全くどうでもよかったのだ。問題は、テーブルを囲む他の人々がどう考えるかだった。どう行動するかを選ぶのは彼らであり、私ではない。残念ながら、意見はてんでんばらばらだった。現場監督らはあれこれ追加投資のアイデアを温めており、一方、本社の役員らは鉱山閉鎖を検討していた。

その瞬間、私は啓示を受けた。様々な選択肢のうちどれが正しいかと言い張らせるのではなく、その選択肢が有効であるためにはどんな条件が整わなければならないかを述べさせればどうだろう、と思ったのだ。結果は驚くべきだった。意見の衝突は協調になり、やがて選択肢の論理の真の理解へと変わっていった。他の人に自説を押し付けるのではなく、選択肢がおのずから説得力を持つ（あるいは失う）ようになったのだ。その時、私はコンサルタントのあるべき姿を悟った。人々をおのずから納得させるように仕事を進めていくことだ。

ほぼ同じ頃、私は研究開発に問題を抱える某企業から戦略の相談を受けた。抱えている先進的研究の整理も含まれていた。彼らの研究成果が実る率は低く、困ったことに多額の研究費用をかけた後に商品化できないとわかってお払い箱にされることが多かった。何とかしたいので手を貸せというのである。

私はいそいそと聞いた――研究が商業的に成功するには、どんな前提条件が整わなければならないのですか？　私が論理フローを実用化したのは、この時が初めてだった。やはり即効性があった。この分析によって、見込みなしと早々にお払い箱になった研究計画もあった。その他の研究計画についても、活動の順番は劇的に変わった。件の問いによって、仕事や投資の優先順位がはっきりした。

私はこの経験から、戦う場所と方法を選ぶ戦略立案の新たな方法論を確立した。それが私のコンサルティング技術の核になり、今日に至るまで唯一の戦略立案プロセスになっている。

外部戦略パートナーの力

A・G・ラフリー

良きCEOの職務は、とても孤独なものである。CEOとはいわばチーフ・エクスターナル・オフィサー、つまり有意義な外部要因を勝てる戦略に翻訳する責任者だ。どんな事業に参入し、または撤退し、あるいは事業閉鎖するかを決めなければならない。ということは、組織運営の標準、そして業績基準を定めるということでもある。だが社員の大半は、CEOとは対照的に、仕事の性質や人間関係がより内向きである。CEOもともすれば内部に目をやりたくなってしまうが、外部から顧問やカウンセラーを呼んでくることで、大切な外向きの視点を維持できる。

その点では、取締役会も頼りになる。P&Gでは、取締役会で、全社戦略の詳細な分析も議論する。一日を全てこの議題に費やし、彼らの幅広い経験や知見を取り入れ、集約的に英断を下してもらうためである。彼らは、消費者製品業界全体からの経験や幅広い視野をもたらしてくれる。様々な分野での経験に、やはり深浅様々な客観性や懐疑性が伴い、実のある価値をもたらしてくれるのだ。

外部コンサルタントも厳選して使っている。戦略立案や戦略分析の大半は社内でやっているが、折りに触れて外部コンサルタントの力を借りる。ジレット買収のデュー・デリジェンス（資産査定）の際には、マッキンゼーが大役を担った。P&Gでは絶対的な守秘性を維持でき、重要な仮説を裏付けたり否定できる、そして戦略的仮説を客観的に検証できるコンサルタントを求めている。例えば、ヘルスケア業界で競争優位性を発揮できるかどうかを綿密に議論した。いくつかのサービス産業やフランチャイズ事業についての調査もやった。具体的な能力、例えばGBS（グローバル・ビジネス・サービス）、調達、戦略的売り上げ管理などの点で、世界トップ級の競争相手を向こうに回せるかについての分析も行った。こうした分析や調査、研究の大半は事業部や職能単位で行っているが、中には全社的に実施したものもある。

私が下した最も重要な決定の一つは、ロジャー・L・マーティンに戦略についての分身になってもらうことだった。社外に、いつどこでも戦略相談ができる相手が欲しかったのだ。P&Gを理解し、社内の非公式な人脈を使って重要な戦略業務をする手助けになる人物が欲しかった。さらに重要なことに、少なくとも社内政治と無縁な客観的人物が欲しかった。絶対的に信頼でき、また私を信頼してくれる人物――非公式に働くことができ、自信に溢れ、知的にも道徳的にも信頼できる（すなわちIQ〈知能指数〉とEQ〈情動の知能指数〉を併せ持つ）人物――で、王様にあなたは裸だと諫言《かんげん》できる勇気を持つ人物が必要だった。

CEOになった時、私はロジャーと共に、終日、外部からの連絡をそっくり断って戦略についてじっくり話し合った。そして様々な戦略的課題をリストにし、それらの解決に向かって協力した。一度の会議で解消できたものもあれば、何度も打ち合わせを重ねた問題もある。今も懸案になっている問題もある。

ロジャーと私は、P&Gにしっかりした戦略立案の仕組みを確立したかった。ロジャーがモニター時代に磨きあげ、P&Gに合うように適応し、簡略化したものだ。P&G初の取締役会戦略レビュー（検証）会議にもロジャーを招聘《しょうへい》し、そこで彼は、社外取締役にじっくりと戦略方法論を説明した。社外取締役たちにも、戦場と戦法の選択をよく理解してほしかった。その日を境に、P&Gのリーダーらが社や事業の戦略について言及する際には、必ず勝利のアスピレーション、戦場と戦法の選択、中核的能力、そして経営システムについて触れるようになった。

ロジャーには、全ての戦略レビューに招待し、年に何度かは実際に加わってもらっている。私とは常に連絡が取り合えるようにしている。何よりも、事業部や職能単位でのリーダーたちとも、強い人間関係を築いている。社内のリーダーたちにも、ロジャーと直接、あるいは私と共に戦略的課題に取り組むように促している。ロジャーも彼らと、速やかに動いてくれている。私も時々、ロジャーが彼らと仕事に取り組む現場に一、二時間ほど同席するようにしている。ロジャーと事業部の社長たち、そして社長たちと私との間で、戦略議論は極めてすんなり運ぶ。私は、当初は全社長と月に一度は会うようにしていた（二〇一〇年以降は四半期ごとにした）。戦略、リーダーシップ、人事などを話し合う場で、議題は私と彼ら社長との間で決める。

彼ら事業部の社長たちにとって、私と直接ではなくロジャーを相手に仕事をすることにはメリットがある。部外者のロジャーの方が気楽に安心して話せることもその一つ。なにしろ彼は人事や報酬額を査定する立場ではない。だが彼は、戦略立案の方法論の研修を通じてP&G社内に戦略の立案や分析、評価の技術を根付かせてくれた。こうした様々な仕事を通じて、ロジャーと私は人材の評価を続けているし、いずれも戦略技術は教えられるものと信じている。だが二人とも、戦略を扱えるようになるためには、しっかりと揺るぎない統合的な考え方ができ、苦渋の判断を下せる勇気を持ち、難しい判断もできなければならないと信じてもいる。

もう一〇年近くにわたって、ロジャーは私にとって戦略面での主要な社外顧問だ。クレイトン・クリステンセンとマーク・ジョンソンはイノベーション（革新）についての、ティム・ブラウンはデザインについての、そしてケヴィン・ロバーツはリーダーシップとブランディングについてのアドバイザーだ。スチュアート・シェインガーテンは心理学者であり「コーチ」で、私のリーダーシップのスタイルや効率についての長所と短所を理解させてくれた。彼は急逝した時、まさに新境地を開いたばかりだった。社内の主な戦略パートナーには、CFO（最高財務責任者）のクレイト・ダレイとCTO（最高技術責任者）のジル・クロイドがいる。私たち三人は、社外の顧問やアドバイザーたちの誰よりも共に長い時間を過ごした。いかなる戦略的な判断や行動も、彼らのアドバイスと助言を十分に受けている。全てのM&A（企業の合併・買収）案件——買収、売却、そして未遂に終わったそれら——は、クレイトと共に行ったものだ。「コネクト&デベロップ」やイノベーション戦略全体について、ジルは終始私のパートナーであり続けてくれた。

だが私が本当に型破りなアイデアをじっくり検討する相手はロジャーだ。それは私たち独特の個人的、職業的関係のおかげである。社外に、仕事をよく理解してくれ、じっくりと粘り抜き、仕事を次の段階へと持ち上げてくれる人物を持てれば、どんなCEOにとっても幸運というものだ。

結び

勝利への飽くなき追求

現実の競争環境は、まったく楽になっていない。米軍の用語を借りれば、VUCAこそが新たなる日常である。すなわち、絶えず激変し（V：ボラタイル）、不確かで（U：アンサーテン）、複雑で（C：コンプレックス）、不明瞭（A：アンビギュアス）なのだ。成長は遅い割に変化は早い。グローバリゼーションはつのる一方で、顧客や消費者をめぐる競争はいっそう激化している。消費者はますます要求を強め、声高になり、より高い業績、品質、サービスをより魅力的な価格で求めるようになっている。

VUCA世界でも、戦略は勝利の助けになる。保証とは言わないまでも、勝機ははるかに高まる。戦略を欠けば、死という結果は明らかだ。時間稼ぎはできても、戦略を欠く企業はいずれ死ぬ。偉大な発明や製品のアイデアは、企業を誕生させ、しばらく価値を生み、市場で勝たせてくれる。だが長続きするには、企業は長期的な競争優位性をもたらす五つの問いに答えなければならない。

自社のために、次の問いに正直に答えてみてほしい。

①勝利を定義しているか？　勝利のアスピレーション（憧れ）は明確になっているか？
②どこで戦うかを定義しているか？（同様に、どこでは戦わないとはっきり決めているか？）
③選んだ戦場でどうやって勝つか、どこまで具体的に決めているか？
④自分の戦場と戦法の選択に応じたどんな具体的な能力群が必要かを洗い出し、身につけているか？

⑤あなたの経営システムや方法は、右記の四つの戦略的選択を支援するものか？

本書のツールや枠組みは、これら五つの問いについてのあなたの答えを助け、あなたの組織の可能性を探るように作られている。こうしたツールを自社のために用いたことはあるだろうか？

・戦略的論理フローを使って、業界、流通チャネル（経路）、顧客価値、自社の相対的な能力やコスト・ポジション、競争相手の反応を、戦場と戦法の選択を下支えし続けられるような形で理解しているだろうか？

・戦略案をリバース・エンジニアリングして、そんな戦略によって勝つためには、どんな条件が揃《そろ》っていなければならないのかと考えたことがあるだろうか？

戦略的選択カスケード（滝）、戦略論理フロー、そしてリバース・エンジニアリングのプロセスは、あなたの会社の戦略の手引きになる。これは一本調子に進むプロセスではなく、複雑で曲がりくねった道のりになるかもしれない。だが全体としてはこの手引きはあなたの戦略的発想を助け、永続的な競争優位性を生み出してくれる（図C－1）。

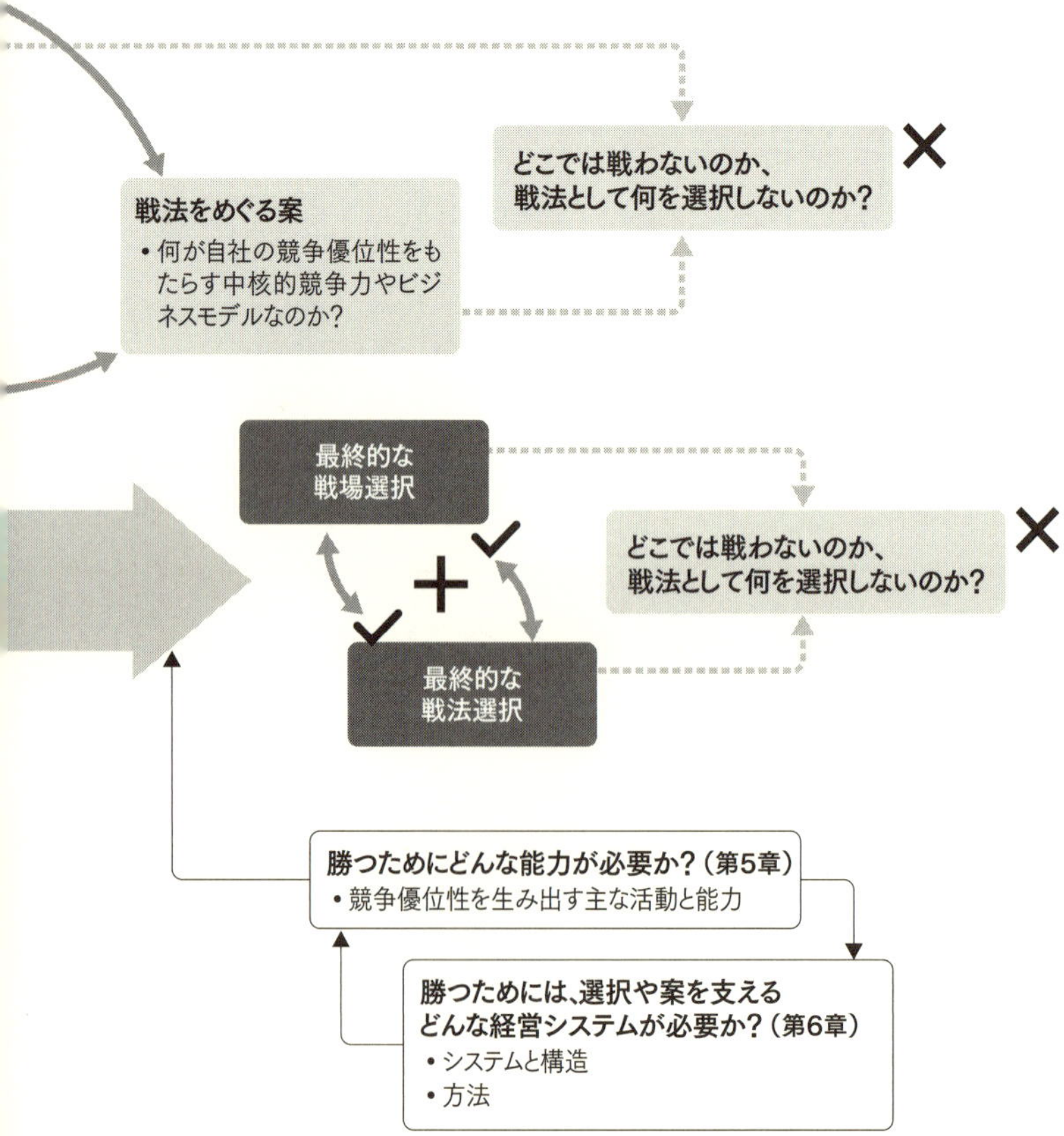
どこでは戦わないのか、
戦法として何を選択しないのか？
戦法をめぐる案
• 何が自社の競争優位性をもたらす中核的競争力やビジネスモデルなのか？
最終的な
戦場選択
最終的な
戦法選択
どこでは戦わないのか、
戦法として何を選択しないのか？
勝つためにどんな能力が必要か？（第5章）
• 競争優位性を生み出す主な活動と能力
勝つためには、選択や案を支える
どんな経営システムが必要か？（第6章）
• システムと構造
• 方法

図C-1　プレーブック

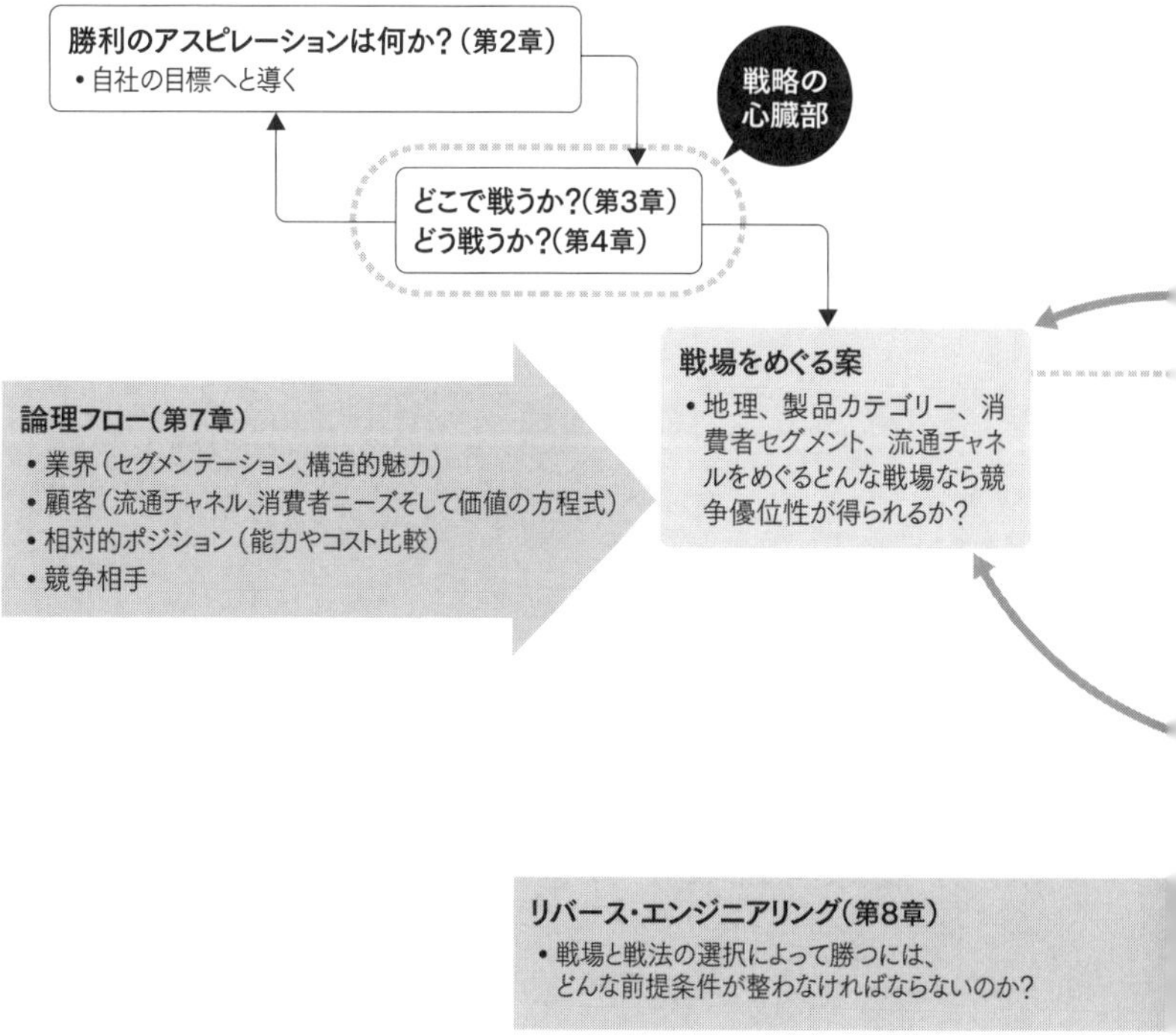
勝利のアスピレーションは何か？（第2章）
・自社の目標へと導く
戦略の心臓部
どこで戦うか？（第3章）
どう戦うか？（第4章）
戦場をめぐる案
・地理、製品カテゴリー、消費者セグメント、流通チャネルをめぐるどんな戦場なら競争優位性が得られるか？
論理フロー（第7章）
・業界（セグメンテーション、構造的魅力）
・顧客（流通チャネル、消費者ニーズそして価値の方程式）
・相対的ポジション（能力やコスト比較）
・競争相手
リバース・エンジニアリング（第8章）
・戦場と戦法の選択によって勝つには、どんな前提条件が整わなければならないのか？

戦略の六つの罠

完璧な戦略などない。どんな業界や事業にも、永続的な競争優位性を保証してくれるアルゴリズム（計算手順）など存在しない。だが、自社の戦略が特に危ういことの兆しは存在する。最も一般的な戦略の六つの罠《わな》は、次のようなものだ。

①**総当たり戦略**：選択ができず、全てを優先する戦略。忘れてはならない、戦略とは選択なのだ。

②**ドン・キホーテ型戦略**：競争相手の「城砦《じょうさい》都市」を攻撃したり、最強の競争相手を真っ先に正面から攻撃するような戦略だ。まず勝ち目のある戦場を選ぼう。

③**ウォータールー戦略**：複数の戦線で複数の敵を相手に回すこと。どんな企業も、全てを同時にはできない。それでは全てが脆弱《ぜいじゃく》になってしまう。

④**八方美人戦略**：全ての消費者、流通チャネル、地域、カテゴリーやセグメント（区分）を同時に捉えようとすること。本物の価値を生み出すには、取捨選択が大事。

⑤**見果てぬ夢戦略**：良くできたアスピレーション宣言と使命宣言を書き上げたものの、それをついぞ具体的な戦場と戦法の選択、中核的能力、経営システムへと結びつけないこと。アスピレーションは戦略ではない。戦略とは、選択カスケードの五つの全てに回答して得られるものだ。

⑥**月替わり型戦略**：自分の業界に一般的な戦略を実施し、そこでは全ての競争相手が同じ顧客、地域、そしてセグメントを一様に攻める。選択カスケードとそれを支える活動システムは独自性がなければならない。自分の選択が競争相手のそれと似ているほど、あなたが勝てる可能性は減るのだ。

……これらが、自社の戦略を立案する上で陥りがちな罠である。同様に、勝てる、あるいは防御力のある戦略を持っている場合にそれと示す兆しもある。次のようなものだ。

勝てる戦略の六つの証拠

世の中は非常に複雑なため、どの結果が戦略がもたらしたものであるか、それともマクロ要因のおかげか、あるいは単純に運が良かったのかを峻別《しゅんべつ》することは難しい。だが、勝利の兆しはいくつかある。あなたの事業のためにも、競争相手についても、それらを探そう。

①競争相手とは似ても似つかない活動システムを持っていること。独自のやり方で価値を提供していることを示すからだ。

②あなたに絶対の信頼を置く顧客がいる一方で、肩入れしない非顧客がいること。つまりあなたの存在が選択的であること。

③競争相手が、彼らなりのやり方で高収益を得ていること。つまり、あなたの戦場と戦法の選択は彼らのそれらと重なっておらず、だから彼らはあなたの攻める中心を攻撃する必要がないこと。
④競争相手以上に継続的に投下できる経営資源があること。つまりあなたの方が消費者に価値を与えやすく、収益性が最も高く、防衛に使える資源も多いことを意味する。
⑤競争相手同士が、あなたをよそに攻撃し合っていること。つまり、あなたが（広義での）業界において最も攻略しにくいターゲットであることを意味する。
⑥消費者が新技術、新製品、サービス向上を求める際に、真っ先にあなたに目を向けていること。つまり、彼らはあなたこそ価値を生み出せる独自の存在だと思っていること。

こうした兆しを見いだせても油断は大敵。どんな戦略も永続するわけではないから、どんな会社も戦略を進化させていかなければならない。競争力を高め、磨き、進化させていくことによって、勝利を積み重ねていかなければならないのだ。理想的には、企業は戦略を結果ではなくプロセスと考えるべきだ。実際の営業数字が下向く前に、既存の選択を更新していく覚悟をすること。

どんな戦略にもリスクが伴う。だが、成長が緩慢で、急激に変化し、激烈な競争環境にある世界で戦略を持たないことの方が、はるかに危険である。戦略的カスケード、戦略論理フロー、戦略的選択案のリバース・エンジニアリングによる絞り込みなどの手段を使い、勝てる戦略を生み出し、自社の持続可能な競争優位性を得よう。勝つために戦おう。

補遺A

P＆Gの業績

本書に綴《つづ》られているのは、二〇〇〇年から二〇〇九年の間の物語だ。この期間、P&G（プロクター・アンド・ギャンブル）の売り上げは倍増し、利益は四倍になった。一株当たり利益は年換算で一二％ずつ上がった。S&P（スタンダード&プアーズ）五〇〇が全体として下降基調にある中で、株価は八〇％以上も上がった。社の市場価値は倍以上になり、P&Gは世界で最も価値のある企業の一社になった。社は一〇年以上にわたって一貫して、より大きな価値、競争優位性、そして業績を叩《たた》き出し続けた。

これらの事実は当該期間の業績について示唆的ではあるが、戦略的選択は勝利につながったのか、そうだとして具体的にどの選択がこうした業績をもたらしたのかなどの問いに直接、答えるものではない。これらは図A－1、A－2に凝縮されている。これは、この期間の戦場と戦法の選択ごとの事業的、財務的貢献をまとめたものだ。

二〇〇〇年から二〇〇九年の間に開発された戦略は、社と株主に大きな価値を生み出した。だがいかなる戦略も完璧ではなく、P&Gもこの間、いくつかの失敗や失意を経験している。

・**コーヒー**　包装コーヒー市場においては、P&Gのフォルジャーズはマックスウェルハウスに対して量販店や食料品店チャネル（経路）での戦いに勝った。しかし、スターバックス、ネスプレッソ、キューリグなどはいずれも、飲用機会を増やし、目覚ましい価値を創造するというより大きな戦略を取って圧勝した。フォルジャーズはスターバックスの包装コーヒー納入に三度応札していずれも敗北

図A-1　P&Gの戦場選択の結果 2000年〜2009年

戦場選択	パラメーター	結果 2000年	結果 2009年
中核的事業で成長する	中核的カテゴリーがP&Gの売り上げに占める比率	55%	79%
	中核的カテゴリーがP&Gの利益に占める比率	59%	83%
	年間売り上げ10億ドル以上のブランド	10	25
	10億ドル以上の規模のブランドの売り上げに占める比率	54%	69%
	中核的カテゴリーの期間中年次成長率（CAGR）	11%	
美容カテゴリーへの進出	美容カテゴリーCAGR	15%	
	美容カテゴリーがP&Gの売り上げに占める比率	16%	33%
	美容カテゴリーが全社売り上げ増加に占める比率	44%	
	美容カテゴリーが全社利益増加に占める比率	42%	
新興市場への進出	新興市場売り上げCAGR	13%	
	新興市場がP&Gの売り上げに占める比率	20%	32%
	新興市場がP&Gの売り上げ増加に占める比率	42%	
	新興市場がP&Gの利益増加に占める比率	29%	

図A-2 | P&Gの戦法選択の結果 2000年～2009年

他の重要な業績指標	結果 2000年	結果 2009年
粗利	46%	52%
フリー・キャッシュ・フロー	35億ドル	150億ドル
資本支出(売上比率)	7.6%	4.3%
GBS(売上比率)	6.5%	3.1%
研究開発費(売上比率)	4.8%	2.5%
マーケティング費用(売上比率)	14%	15%

した。独自のカプセル入り専用コーヒーマシン事業も試したがうまくいかなかった。二〇〇八年、社は黒字事業で一七億ドルの売り上げを持っていたフォルジャーズをスマッカーズに売却した。

・**プリングルズ**　売り上げ規模一五億ドルのプリングルズの潜在能力をついぞ十分には発揮できず、二〇一一年にケロッグに売却した。

・**製薬／医療品**　女性用テストステロン・パッチのイントリンザはFDA（アメリカ食品医薬品局）の認可を得られなかった。また処方薬事業をOTC（非処方販売薬）事業と交換したり、パートナーシップを結んでより大きな価値を作り出すこともできなかった。二〇〇九年、社は二五億ドル規模だった製薬事業を売却した。

・**M&A（企業の合併・買収）**　社はいくつもの買収機会を逃した。コカ・コーラとの果汁及びスナックにおける共同事業は大きな価値を生み出す目論見だったが、まとまらなかった。世界的なスキンケア・ブランド買収も失敗した。一方でDDFという米国の小さなニッチ（隙間）・ブランドは買収した。

・**新ブランド**　ダリエル、フィット、オレイ・コスメティックス、フィジーク、テンポ、トレンゴスなどを発売したが、新ブランドとして成功させることはできなかった。

様々な失意や失敗にもかかわらず、P&Gは正しい戦略的選択も十分にしたおかげで、持続可能な競争優位性を得て価値を生み出し続け、ダウジョーンズ三〇社やフォーチュン五〇社などの業界のトップ級に留《とど》まった。それだけに、P&Gが当該期間に下した戦略選択は社やそのブランド、カテゴリーにとって正しかったと結論したくもなる。

だがいかなる戦略も永遠には続かない。戦略には継続的な改善や改訂が必要である。競争相手もP&Gの戦略を模倣し、それはある程度、当社の戦略の独自性や明確性を薄らげている。消費者製品業界では成長戦略として新興市場に進出することはより一般的になり、個別企業にとってこの戦略の効果は薄れている。大きな競争優位性の源泉となったアプローチは、状況の変化に応じて変わっていかなければならない。これは次代のP&Gリーダーたちにとっての課題であり、それは二〇〇〇年時点のリーダーにとってもそうであり、また将来世代のリーダーにとっても同じである。全てのP&Gリーダーは状況の変化に強いられて先代から引き継いだ戦略を改訂してきたし、それは現在と未来のリーダーたちにとっても同じである。

Ｐ＆Ｇはその一七五年の歴史を通じて課題に挑戦することによって成長してきた。戦略と慎重な意思決定の伝統は、経営陣が自社を独自の存在にする戦場と戦法を選び続ける限り、社を救うだろう。独自の選択を通じて勝利をつかむことは、常に、そして永遠に、全ての戦略家の仕事である。

補遺B

戦略のミクロ経済学と二つの勝ち方

勝ち方は低コスト戦略と差異化戦略のたった二つしかないと言うと、容易に信じがたいかもしれない。人々はえてして、なぜたった二つしかないのか、そしてなぜこうなっているのかと首をかしげる。これは、根本的なミクロ経済学のためだ。企業が直面する経済的条件は突き詰めれば二つしかなく、それが片や低コスト戦略、片や差異化戦略に競争力を与えている。ミクロ経済学の二つの中心的要素は、需要と供給である。そしてその均衡点で価格が決定される。

需要の構造

需要とは、任意の製品やサービスを消費者が買いたいと思う程度である。個人であれ集団であれ、誰もが自分なりの需要曲線を持っている。価格が高ければ、買う気は減る。価格が安ければ、買う気が増すのである。何をいくらで買うかを決めているのは商品の効用で、任意の製品やサービスに対する効用は人によって違う。空腹な人は満腹な人より、サンドイッチに対する高い効用を持っている。だから、誰もが自分なりの需要曲線を持っているのだ。とはいえ、個人の需要曲線を集約して、業界の需要曲線を作り出すことはできる。業界の需要曲線も、個人のそれと、基本的に同じ原理に沿っている。曲線は、価格の上下につれて反比例の曲線を描くのである（図B－1）。

図B-1　需要曲線の成り立ち

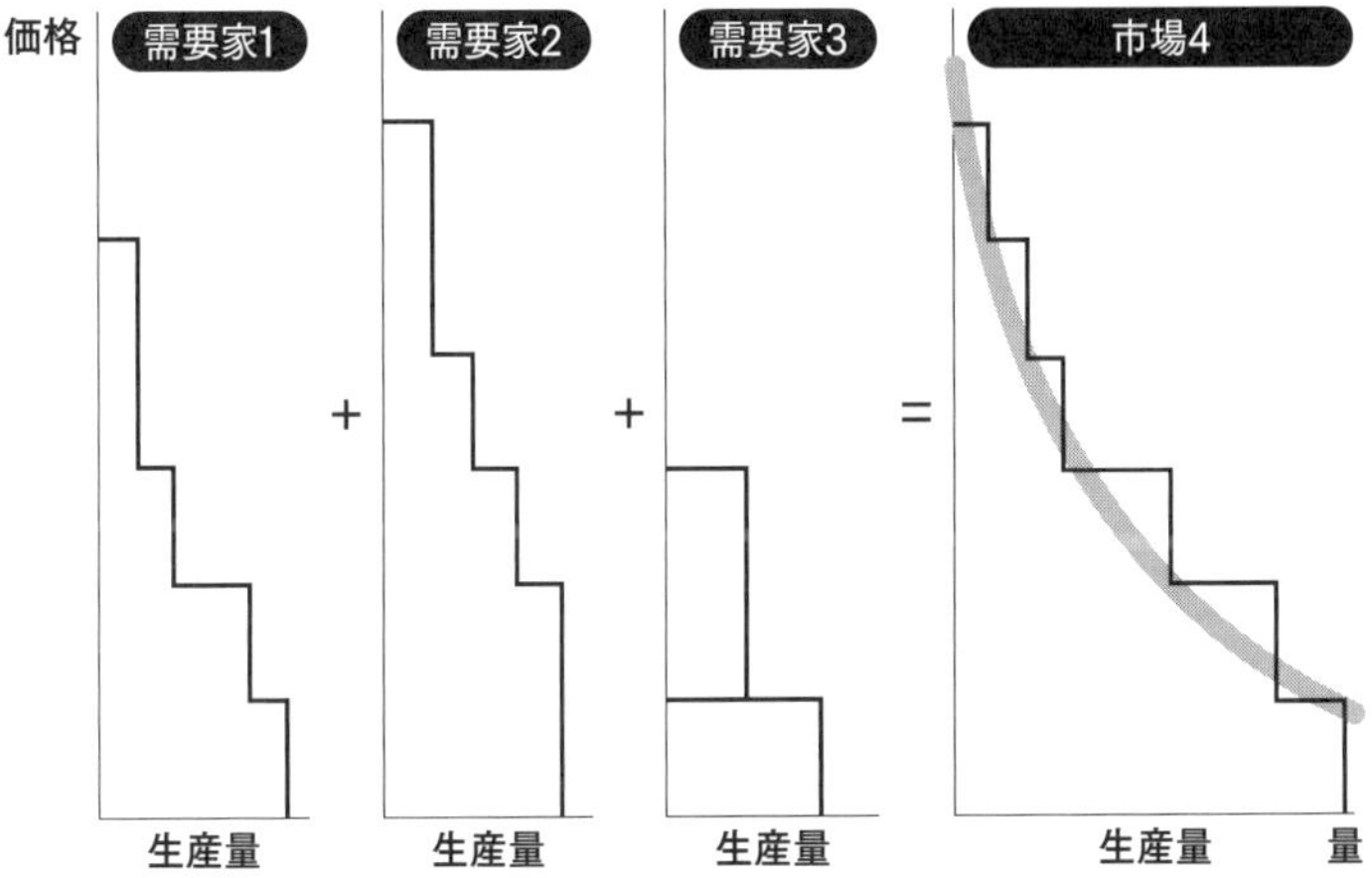

供給の構造

供給サイドにおいても、似たような動向が見られる。どの企業も、価格相場に応じて、任意の商品やサービスを任意の量だけ供給しようとする。供給するには費用が伴う。そしてここで最も重要なコストは、単位量を生産するために増加する費用、すなわち限界費用である。ある種のコスト、例えば研究開発費や広告費などは、生産量を増やしてもあまり変わらない。一方、原材料費や直接労務費など、直接的に影響する費用もある。価格を決定する上で最も重要なのは、後者のような費用である。

企業を限界費用の順に並べることによって、業界の供給カーブを描くことができる。供給カーブは性質上、右肩上がりになっている。市

図B-2 供給曲線の成り立ち

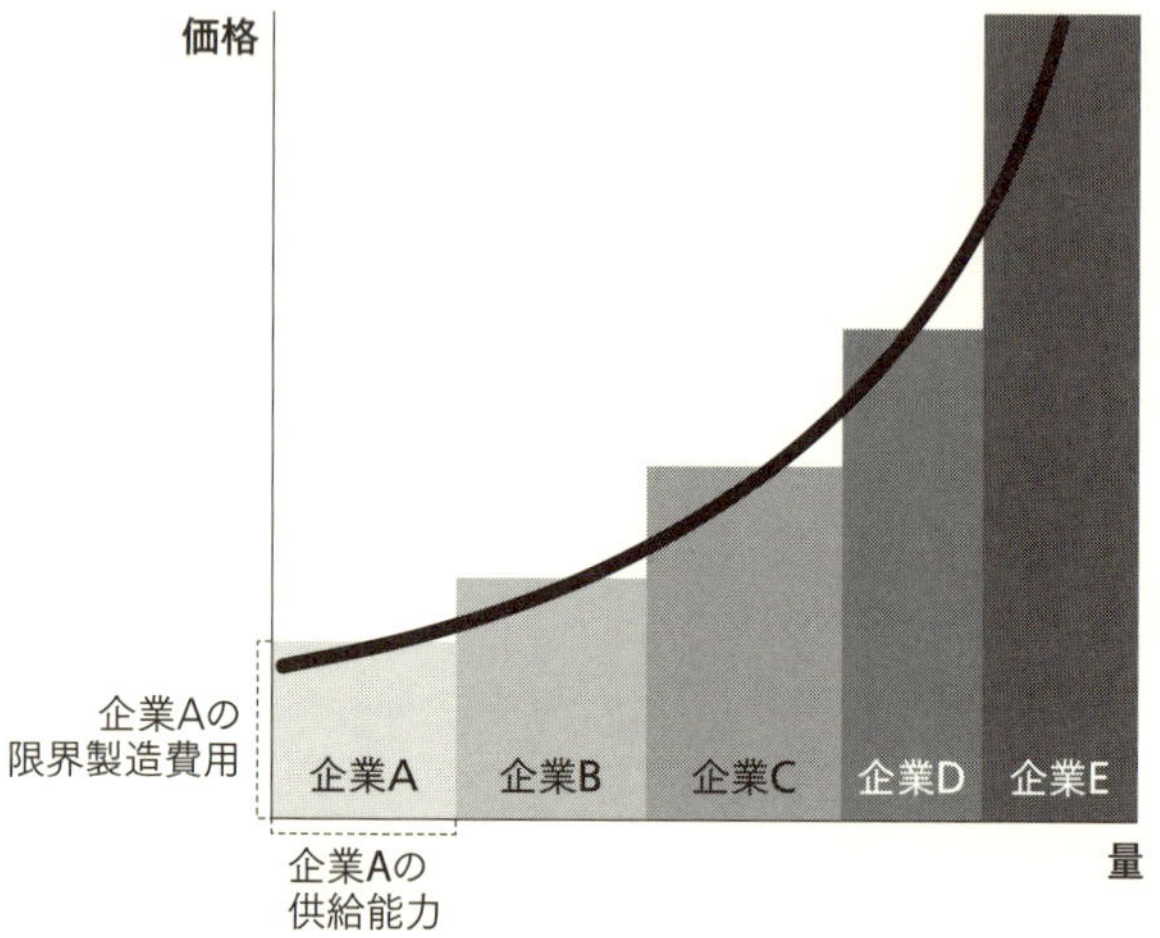

場価格が下がるほど生産量は減る（図B－2）。

供給曲線と需要曲線が交差するところで、いわゆる「神の見えざる手」によって、価格と供給量が決定される。これはどんな製品でもサービスでも同じ。しかし、いわゆるコモディティ（固有の特徴のない日用品）と独自の明確な価値を持つものとでは、違う働き方をする（図B－3）。

日用品（製品・サービス）における競争

古典的なコモディティ業界、例えば金などの業界では、複数の供給者がいる。買い手はしかし、どの供給者の金も、基本的に同一の製品として見る。ある業者が売っている一オンスの金は、別の業者の一オンスの金と何ら変わるところがない。こうした市場では、供給者は市場価

図B-3　需要と供給の交錯点

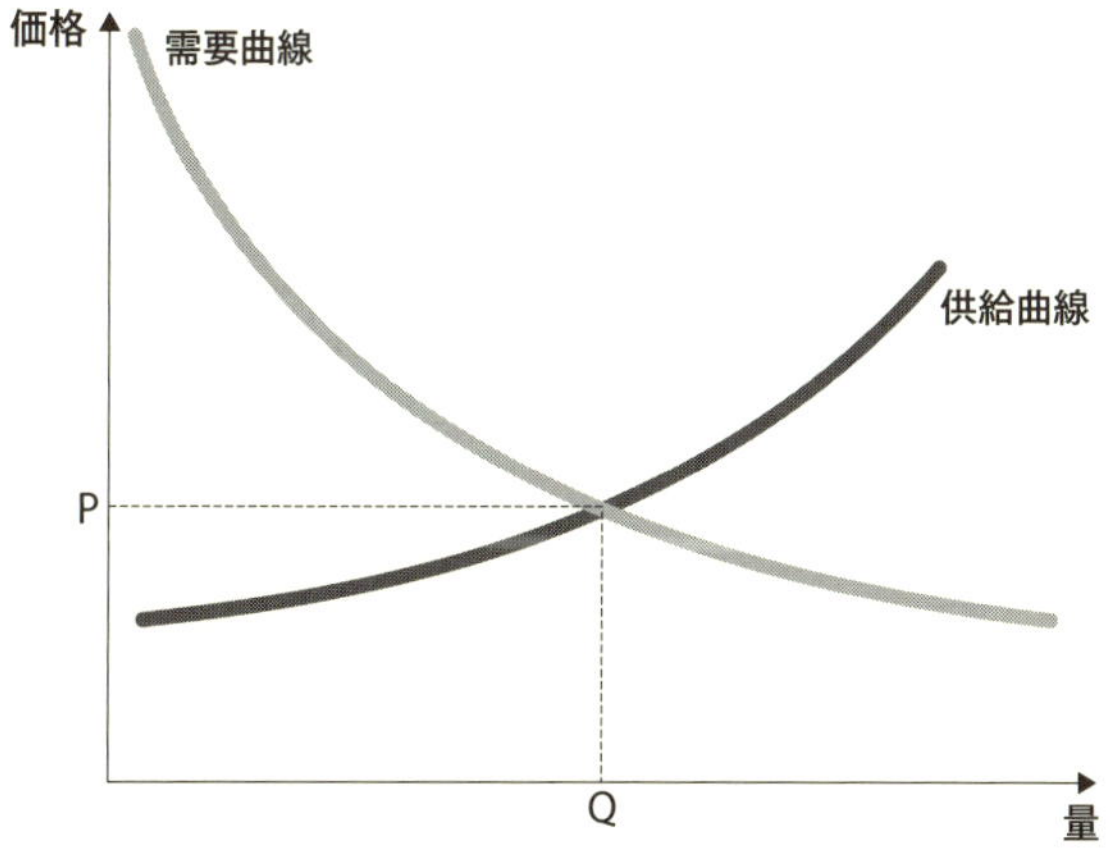

格で売る他はない。もし一般的な市場価格よりも高く売り出したら、需要家はいっせいに他の供給者に向かうので、高い供給者は干上がってしまうだろう。一方、支配的な市場価格よりも安く売り出せば、本来なら得られた利益の一部を投げ出していることになる。

このように、業界の需要曲線は反比例曲線を描いているのだが――金価格が高ければ需要が落ち込み、安ければ増す――、任意の一時点ではコモディティ市場の個々の供給者は、あたかも一定の需要線上で商売をしているかのような感覚に陥る。需要を増減させるために価格を上げ下げすることはできないのだ。価格は価格である。長い時間で見れば増減しているかもしれないが、それは個々の供給者の何らかの働きによるものではない。

こうした市場では、相対的なコスト・ポジ

図B-4｜コスト構造が競争力を決定する

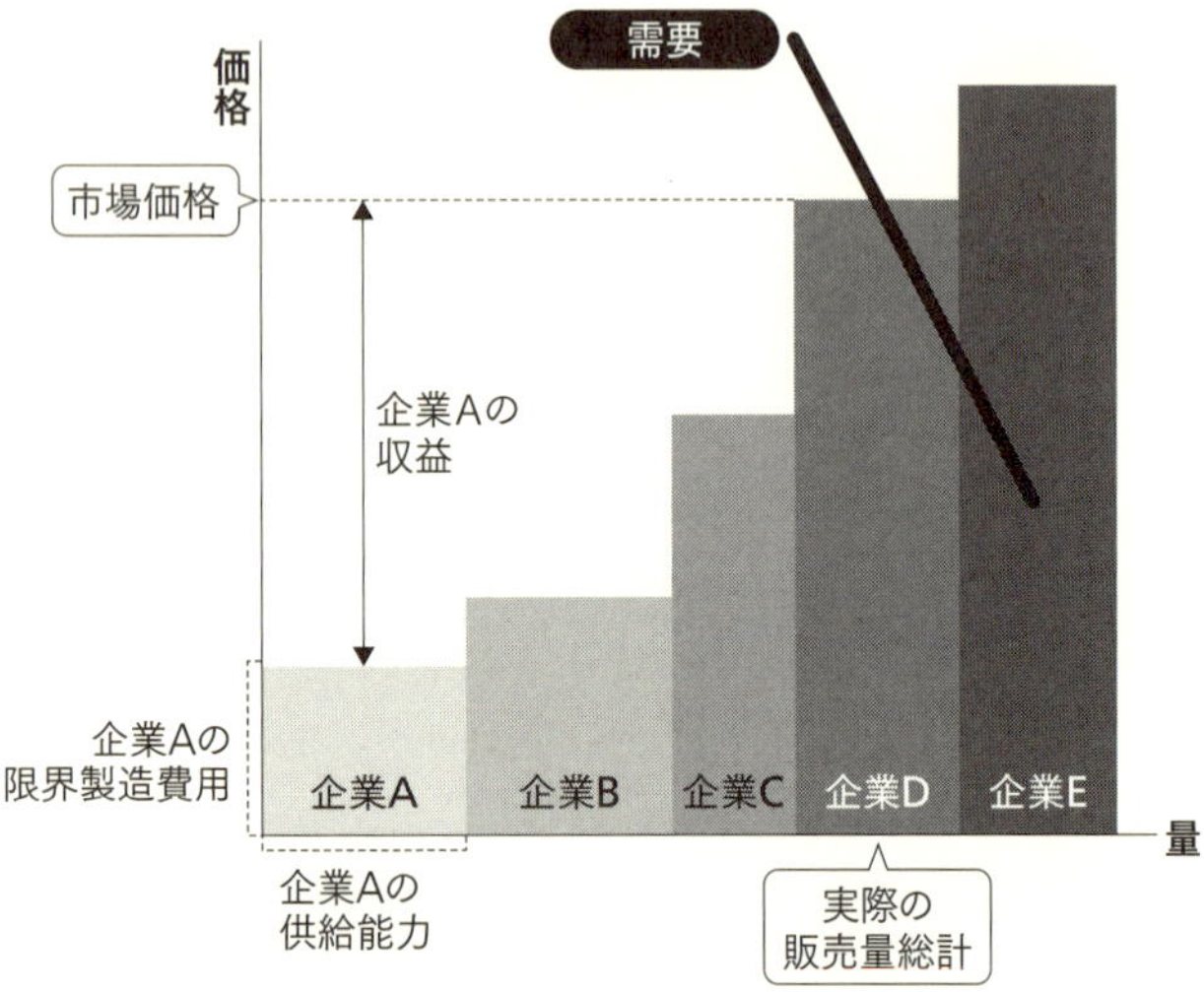

ションが競争力と収益性の唯一の決定要因である。価格は需要曲線と供給曲線の交錯点で形成されているのであり、後者は限界生産者の可変限界費用によって形成されているからである。ひとたび価格が形成されれば、個々の企業の収益は、その価格と限界費用との差でしかない。そしてその差がどれだけ大きいかは、相対的なコスト・ポジションによるのである。

図B－4の業界では、企業は自らの限界費用を市場価格が上回っている間だけ存続できる。だから、企業A、B、C、Dは市場に留《とど》まれるが、企業Eはコストを引き下げない限り市場から撤退するしかない。最も効率の良い企業Aは、激烈な競争にもかかわらず健全な利益を得ることができる。全ての日用品市場には、この力学が働く。価格は、限界プレーヤーが限界費用をかろうじてまかなえる程度まで引き下げられる。

図B-5　パルプ及び製紙会社

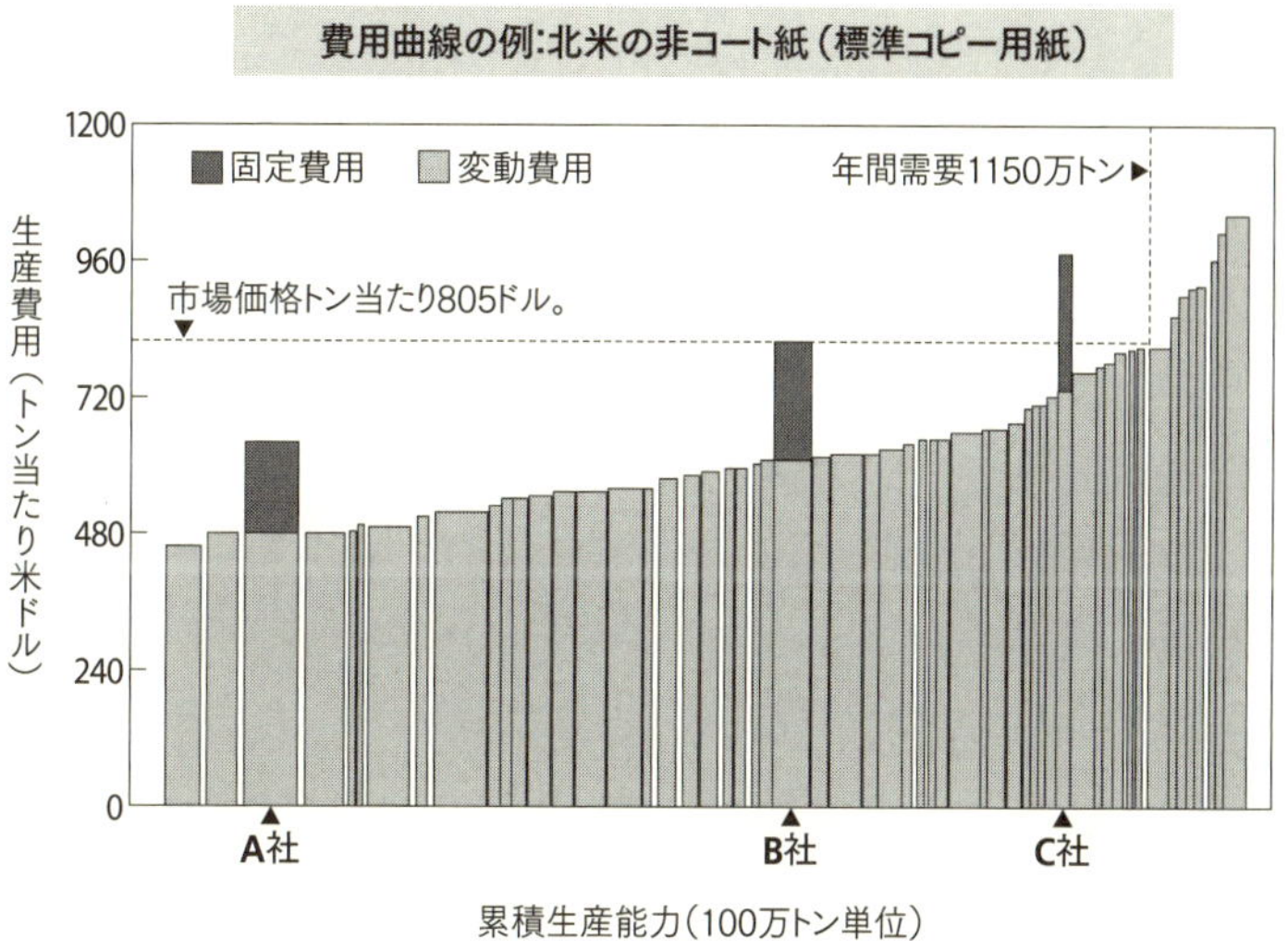

買い手の要求によって企業Dの限界費用よりも価格が低く引き下げられたら、企業Dは市場から撤退し、供給不足に陥って、価格はまた引き上げられる。

問題は、企業にとっては、全ての固定費用とROI（投資収益率）を変動費用と市場価格との差額である粗利から捻出しなければならないことだ。図B－5は、米国の非コート紙市場における、固定費用が収益に及ぼす影響をまとめたものだ。データは一九九〇年代半ばのものだが、原理は変わっていない。

この産業では、低コストのA社はトン当たり四八〇ドルの可変限界費用で紙を作っている。市場価格は八〇五ドル程度なので、トン当たりざっと三二五ドルの利益が得られる。この粗利から、さらに総生産量に対してトン当たり一五〇ドルほどの固定費用を支払うので、A社にはトン当たり一七五ドルの利益が残る。

B社も同じく変動費用段階では大きな利益を得ている。ただしB社の場合は、固定費用（棒グラフの幅で示される生産量で償却される。B社の生産量は割合に小さい）が利益を食いつぶしてしまっている。年度の終わりには、収支トントンである。しかし、生産をやめてしまっても固定費用はいずれにせよ発生するのだから、生産を継続する方がましである。B社のオーナーは業界の非合理的な力学の犠牲になっていると感じ、製造業者がまともな投資収益を得られない低い価格水準で操業を余儀なくされていると感じている。B社には残念ながら、この業界で健全な利益を出すことは十分に可能なのだが、それはコスト構造が業界最低水準である場合のみである。

さらに窮地に陥っているのがC社だ。変動費用は高いが、市場価格水準はかろうじて下回っている。残念ながら生産量当たりで償却される固定費用は非常に高いため、決算は大赤字になってしまう。C社は息も絶え絶えで、需要が増して（需要曲線の図の右上へと移動して）、黒字化できることを祈るばかりである（その時にはA社は濡《ぬ》れ手で粟《あわ》の大儲《もう》けだが）。

残念ながら、そうなることはめったにない。むしろ、新規参入者がA社のような競争相手と業界の市場規模を見て、より低コストな構造を構築して市場参入しようとするのが通常だ。この場合、こうした新規参入者はA社を徹底研究し、さらに改良する方法を考え、より大きな資本を投下して低コスト・ポジションを取りにくる。新たな低コスト参入者（図B－6のZ社）は供給曲線全体を右へと押しやり、需要曲線と供給曲線をより低い価格で交差させ、市場関係者の誰にとっても市場価格を押し

図B-6　日用品市場の進化

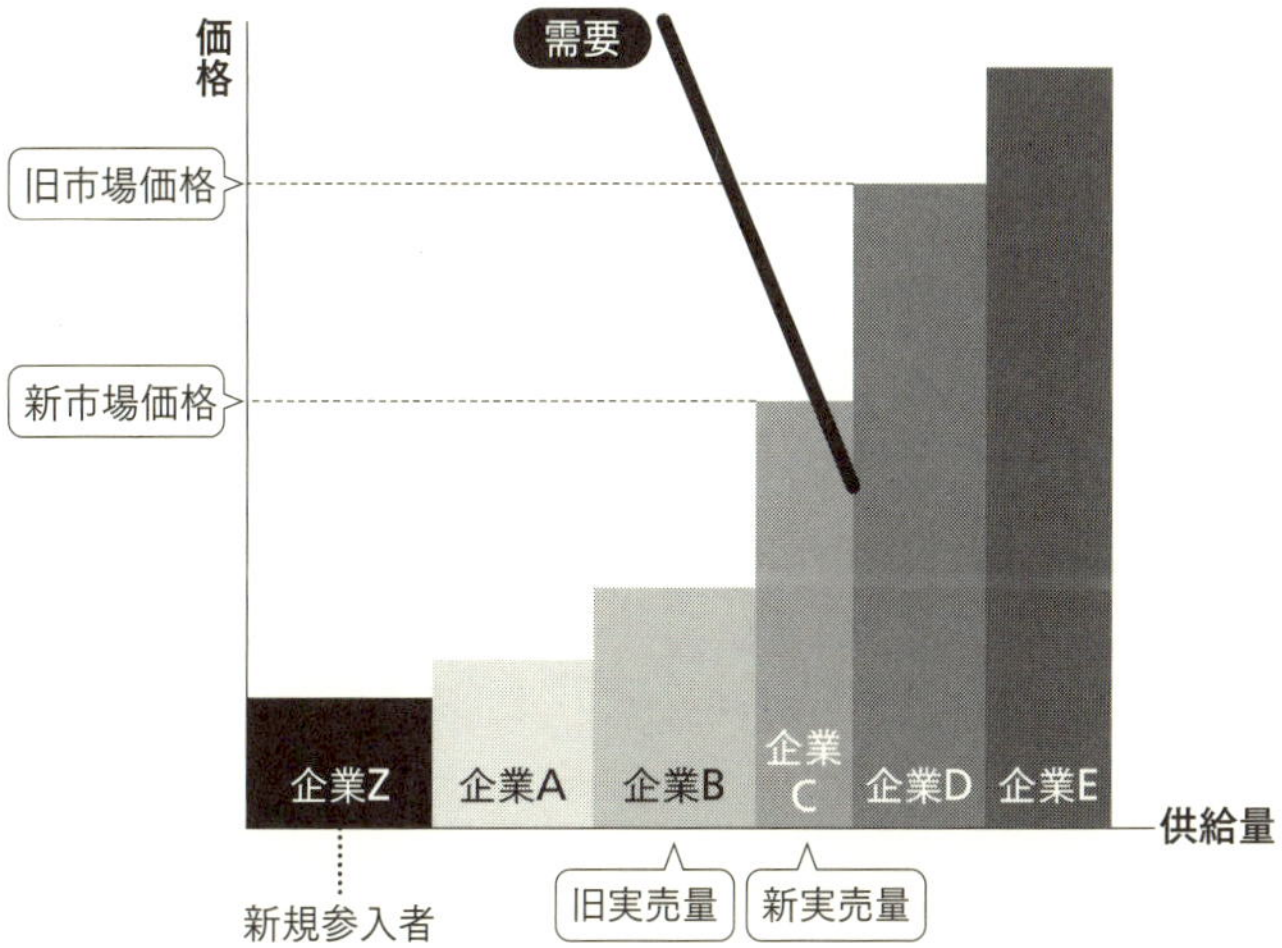

下げる。

一方、かつて変動費用段階で収支トントンだったD社は、こうなると固定費用の償却以前に大赤字になってしまう。C社はいまや変動費用段階で収支トントンだ。米国の航空産業では、Z社がサウスウエスト航空である。同社の参入と成長は、他の全ての伝統的な航空会社にとって成長を難しくし、彼らはこの市場を非合理的と愚痴《ぐち》る。実際のところ、米国の航空産業は全く合理的に市場形成されているのだが。

これが、世界中の日用品市場で起きていることだ。新規の低コスト参入者が、市場価格を引き下げるのである。その方法が、製紙産業で南半球のユーカリのパルプを使うことであっても、ニッケル産業で安価なペルー産の鉱石を調達することであっても同じこと。識者の中には日用品の価格が上がっていると論ずる向きもいるが、

図B-7｜下落する日用品価格

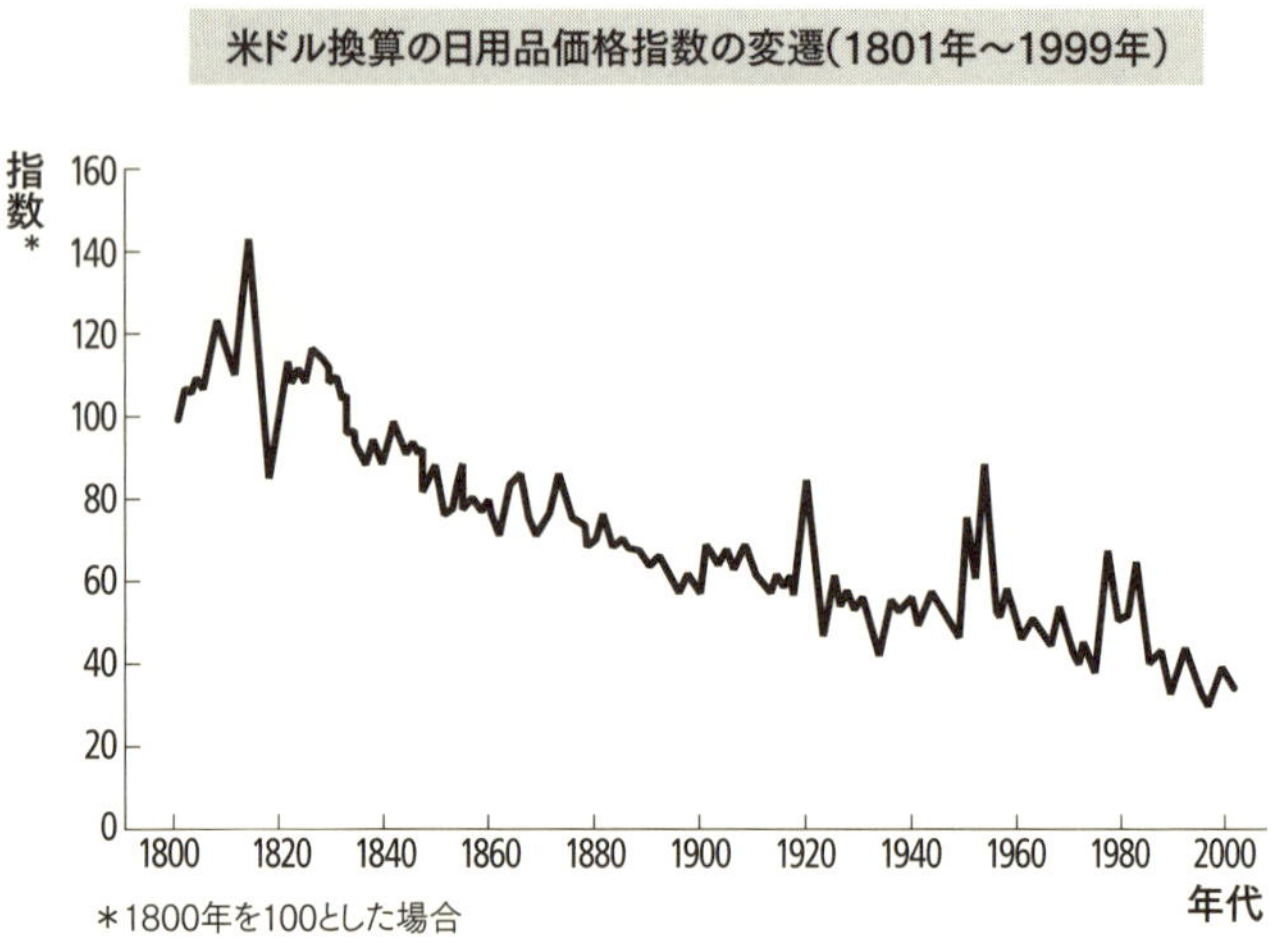

出典　BMOキャピタル・マーケッツ・エコノミック・リサーチ

実際には過去二〇〇年にわたって、日用品価格は実際の価格ベースでは下がり続けている。図B－7は、世界で消費される単位量当たりの日用品価格の推移を、一八〇一年から一九九九年にわたって示している。時おり、大きな価格の突き上げ現象は起きているが、長期的な傾向としてはまちがいなく右肩下がりである。

だからと言って、日用品業界で成長するのが悪いと言っているわけではない。ただ、もしそうするなら、変動価格曲線で業界最低水準でいなければならない、さもなければ碌《ろく》なことにならないと言っているだけである。

独自製品やサービスの競争

買い手が独特と認める製品やサービスを提供する企業の場合は、価格や利益をめぐる力学は

図B-8 独自製品(サービス)の収益最大化

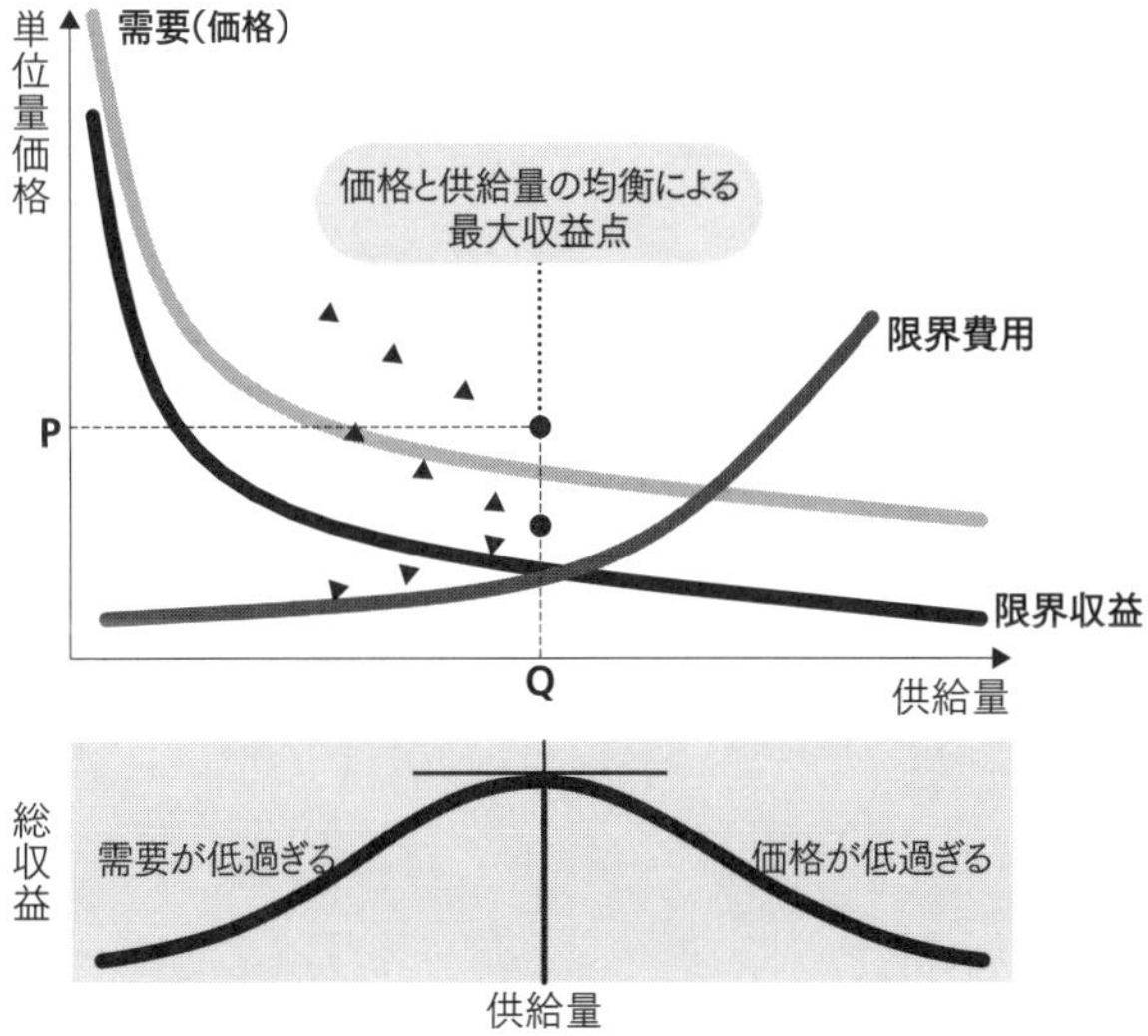

一変する。こうした製品やサービスの提供者は市場価格を受け入れるのではなく、それを設定する。価格を受け入れる場合は提供価格と需要は反比例するが、独自の売り物を持つ場合は、市場全体を相手にするので、需要のあり様は劇的に変わる。日用品のプレーヤーと違い、この場合は価格設定こそ提供者が選択できる最も重要なことの一つなのだ。

差異化された市場では、最適価格というものがある。すなわち、提供者の限界費用曲線と限界収益曲線が交差する価格点である。限界収益曲線の低下率は需要曲線の低下率よりも低い。なぜならその会社は、漸増する需要を満たすために、全ての顧客に対して価格を下げなければならないからだ。

その結果、限界収益は販売量の増加によって増えるのではなくなる。売れる限り高い価格で売り生産量当たりの収益を増やすことによって増えるのだ。しかし、図Ｂ－８に示されている通り、あまり価格を上げ過ぎると限界収益は限界費用を下回ってしまう。

勝つための二つの根本的な方法

これらのことから、勝つための方法は根本的に二つしかないとわかる。似たり寄ったりの物やサービスを売るか、独自のものを売るか、である。そしていずれを選択しても、それに伴う戦略は一つしかない。

似たり寄ったりのものを販売する場合には、自社が提供するものは独特なのだなどと言っても仕方がない。もちろん売り物は一オンスの金のように全くのコモディティではないかもしれない。だが六〇ワットの電球、化粧ボード建材、あるいは標準的なウインドウズＰＣ（パソコン）などは、いずれさして代わり映えはしない。この場合、企業はプレミアム（上乗せ）価格を納得させるだけの違いをアピールしても仕方がない。ひとたび低コスト・プレーヤーで行くと決めたら、唯一の戦略は低コスト戦略である。つまり費用曲線の下部三分の一から四分の一に位置することだ。これがこの戦略で持続的な競争優位性を得る唯一の道だ。このことに集中して新技術や新たな方法で低コストに参入してくる競争相手から身を守るのだ。ここで留意すべきは、低コスト・プレーヤーであることは短期から中期にかけては非常に儲《もう》かることが多いが、えてして超低コスト・プレーヤーの出現の脅威にさらされることだ。本当の低コスト・プレーヤーは一社しかなく、いつでも価格戦争を仕掛けて市場価格相場を下げ、成長を加速したり他社を攻撃できる。それでもコスト構造が最も低い会社は、戦時をよりうまく凌《しの》げるのだ。

差異化戦略を取る場合には、十分に差異化の効いた商品を出して価格プレミアムを納得させ、高収益が得られなければならない。事実上、ある種の顧客にとっては、こうした戦略を取る企業は独占供給者のようなものだ。

顧客は、どの商品提案も同じとは思っていない。この会社からの商品提案を受け入れなければ、別の種類の商品提案に甘んじる他はない。この戦略を取った場合、顧客の目から見た独自性を保たなければならない。そうである限りにおいてこの企業は価格プレミアムを取ることができるのであり、ひいては競争優位性を維持できるのだ。

どんな業界でも低コスト・プレーヤーになる道はある。一方、日用品産業（非コート紙など）にあっても、特徴のない製品を提供しなければならないことはない。よりよい顧客サービス、より安定した商品供給、下流の顧客との事業統合の程度、などによって差異化を図ることはできる。そしてブランド企業ばかりの業界にあっても、低コスト戦略で勝つ企業はいる。食品や消費者製品におけるストア・ブランドやＰＢ（プライベートブランド）が好例だ。

だから企業は常に、低コスト・プレーヤーになるか差異化プレーヤーになるかを選択できる。逆に、これ以外に勝ち方はない。ビジネスの根本的なミクロ経済学のおかげで、勝つためにはたった二つの方法しかないのだ。低コスト化によって収益性を高めるか、それとも差異化によって高い収益を得るかだ。

謝辞

本書を著すに当たっては、多くの友人、同僚、そして師に多くを負っている。それらなくして、本書は成らなかった。

まず第一に、何度も重要な局面で助けてくれたジェニファー・リールに感謝したい。彼女は編集長であると同時に、P&G（プロクター・アンド・ギャンブル）の経営陣への取材を指揮し、多くの場合は自ら実施してくれた。さらに多くの章は、彼女との共著でもある。彼女の能力と専心、そして協調性なくして本書は完成できなかっただろう。

様々なP&Gの幹部陣の視点を欠けば、本書はこれほど充実することはなかっただろう。前CEO（最高経営責任者）ジョン・ペッパー、そして現会長兼CEOボブ・マクドナルドの名を挙げたい。他にも新旧を問わず多くの経営陣が貢献してくれた。チップ・バージ、ジル・クロイド、クレイト・ダレイ、ジナ・ドロソス、メラニー・ヒーレイ、デブ・ヘンレッタ、マイケル・クレムスキー、ジョアン・ルイス、ジョー・リストロ、ジョージ・メスクイタ、ジョン・モエラー、フィリッポ・パサリーニ、チャーリー・ピアース、デビッド・テイラー、ジェフ・ウィードマン、そしてクレイグ・ワイネットらだ。また、クロロックスのジョージ・ロースとラリー・ペイロスも、グラッド製品をめぐる両社のジョイントベンチャーについて、寛大に取材に応じてくれた。本書を鼓舞した各位、そして幾千のP&G従業員に感謝したい。

フィオナ・ホウスリップ、クラウディア・コッチカ、ジョー・ロットマン、デイブ・サミュエル、そしてトマー・ストロライトは最終から二番目の草稿を読み、いずれもが非常に貴重な意見を寄せてくれたおかげで最終原稿の改善に大いに貢献してくれた。

ダレン・カーンとパトリック・ブレアーは、様々な貴重な調査結果を提供してくれた。

ハーバード・ビジネス・プレスのチームは、いつもながら素晴らしかった。エリン・ブラウン、ジョリー・デヴォール、アディ・イグナティウス、ジェフ・ケホエ、アリソン・ピーター、エリカ・トラックラーらだ。エージェントのティナ・ベネット（当時はジャンクロー&ナスビットに在籍）はいつも通り素晴らしい仕事をしてくれ、フォーティアーPRのマーク・フォーティアーには大いに助けられた。

また、私たちの経営や戦略観を形作ってくれた三人の知的巨人には、大変に負うところが大きい。第一に、今は亡きピーター・ドラッカーに。彼は四分の三世紀にわたって経営についての思考を形作ってくれたばかりか、私たち共著者二人を個人的に、非常に寛大かつ懇切に指導してくれた。第二に私たちの友人であり同僚のマイケル・ポーターに。本書の記述の多くは、彼の戦略についての記念碑的な著作に根ざしている。一九八〇年代にマイケルの戦略論を採用したことで、P&Gは戦略的に発展し、私たちの戦略理解も進み始めた。三番目は、組織的学習の学究クリス・アージリスだ。彼はコミュニケーションにおいて主張と反問のバランスを取ることの大切さを教えてくれ、私たち自身の仕事の進め方ばかりか、P&Gの戦略開発の方法そのものを進化させてくれた。

また、共著者二人は、個人的な知り合いや友人たちにも感謝したい。

ロジャー・L・マーティン

モニターで過ごした日々が、本書のもとになった考えの多くを養う上で、重要な役割を果たした。同社での一三年間を通じて、CEOだったマーク・フラーは革新を目指しての自由裁量と励ましをおしみなく与えてくれた。彼の支援と寛容なくして、私は今日のような戦略家にはなっていなかっただろう。そして同社には、私が有望な若手として採用し、素晴らしい同僚へと成長して私に多くを教えてくれることになったコンサルタントらがいる。サンドラ・ポシャースキーは私と様々な仕事を共にし、本書の核心となる思考を発展させる上で重要な貢献を果たした。ジョナサン・グッドマンとも数え切れないほどの仕事をし、私が本書に記したコンサルティング・ツールを磨く手助けをしてくれた。幸いなことに、いずれもが世界有数のシニア・ストラテジストになっている。彼らは今も良き友人であり、折りに触れて共に仕事をしている。

ロットマン・スクールでは、熱心なチームに支えられて、本書のような著作に時間を割くことができる。先述のジェニファー・リールに加え、副学長のピーター・ポーリイ、ジム・フィッシャー、COOマリー＝エレン・ヤオマンズ、チーフ・オブ・スタッフのスザンヌ・スプラッジ、そして上席助手のキャサリン・デイビスらがいる。彼らのような同僚を得た私は果報者と言う他はない。

A・G・ラフリー

P&Gで過ごした三三年間は私に、事業戦略とビジネス・リーダーシップ、そして経営を実践を通じて教えてくれた。戦略、経営、そして業績に明確な説明責任を負い、私は失敗に学び、敗北の味をかみしめ、そしてつかんだ勝利を同僚らと分かち合ってきた。

私が戦略立案を初めて体験したのは、当時P&Gで米国包装せっけん及び洗剤部門と呼ばれていた部署でのことだ。社で最も古く、大きく、そして儲《もう》かっている部署だった。入社して最初の一一年間、私はこの部署内の様々なブランドやカテゴリーを経験して回った。成熟し、成長が緩慢で、非常に競争の激しい業界にあって、いかにして差異化するか、競争優位性を生み出すか、そして有意義な価値を生み出すかを学んだ。学ばなければ、撤退を余儀なくされる事業だった。P&G時代、一五年にわたって私の上司であり同僚だったスティーブ・ドノバンは、戦略、職務遂行、価値創造の基準を設定した。そして彼は、常に勝つためにプレーした。

一九八〇年代後半、応用戦略マネジメントの研修に参加したことは幸運だった。マイケル・ポーターから学び、マーク・フラーやロジャー・L・マーティンと共に働けたからだ。

二〇〇〇年から二〇〇五年の死まで、ピーター・ドラッカーともCEOならではの仕事を共にする機会を得た。手始めはもちろん戦略だった。

会長兼CEOを務めた当時、P&Gは顧客、サプライヤー（供給者）、その他の事業パートナー、そして競争相手とさえ（競争していない業界で）戦略的パートナーシップを築きつつあった。社業が地理的にも業種的にも広がるにつれて、様々な企業との戦略的対話を促した。その一〇年、同僚たちから学んだことは多い。とりわけ次の各位だ。

・前CIO（最高情報責任者）のジル・クロイドは社がイノベーション（革新）志向の戦略に変われるし、またそうすべきだという私の信念を分かち合ってくれた。

・前CFO（最高財務責任者）クレイト・ダレイは、構造的、戦略的に魅力のある企業、また競争優位性を保てる自社事業の洗い出しを手伝ってくれた。

・社内事業部門社長や様々な国別、カテゴリー別、顧客別のゼネラルマネジャーたち（多過ぎて名前は上げきれない）は、戦場と戦法の選択について対話し、議論し、語り合った。勝つためとはいえ、彼らのうち一ダース以上の人数に、私はより明確で厳しい選択をするように強いて激怒させたに違いない。

本書『P&G式「勝つために戦う」戦略』も前著『ゲームの変革者』(日本経済新聞出版社刊)も、妻ダイアナの親身な助言や関わり合いなしには完成しなかっただろう。彼女は私の最高のコーチであり、明確かつ最も建設的な批判者だ。彼女は私に、後進の手引きになるよう、個人的な体験や学びをシンプルなコンセプトに煮詰めるよう励ましてくれた。そしてそれこそ、私とロジャーが本書を記した目的だ。

5. ジョン・モエラーのコメントは全て、ロジャー・L・マーティンとジェニファー・リールが2010年11月18日にシンシナティで行った取材による。
6. デブ・ヘンレッタのコメントは全て、ジェニファー・リールが2010年11月2日に行った電話取材による。
7. ネット・プロモーター・スコア（NPI）は顧客ロイヤリティを測定する指標の一つで、顧客が任意のブランドを自ら使用するのみならず、人に推奨しているかどうかを反映したもの。具体的には、そのブランドや製品を他人に薦めたいかどうかを聞くことによって測定する。ネット・プロモーター・スコアについての詳細は、フレッド・ライクヘルド著『顧客ロイヤリティを知る「究極の質問」』（ランダムハウス講談社刊）を参照のこと。

第5章

1. 買収締結時の時価は両社合わせて3420億ドルに達し、AOLの株主は社の55％を保有することになった。スピンオフした企業は380億ドルだった。
2. Andrew Davidson, "The Razor-Sharp P&G Boss," *SundayTimes* (London), December 3, 2006, 6.
3. クレイト・ダレイのコメントは全て、ロジャー・L・マーティンとジェニファー・リールが2010年12月22日に行った取材による。
4. チップ・バージのコメントは全て、ジェニファー・リールが2010年11月1日に行った電話取材による。
5. Damon Jones, "Latest Innovations: Gillette Guard," Gillette fact sheet, accessed July 16, 2012, www.pg.com/en_US/downloads/innovation/factsheet_final_Gillette_Guard.pdf.
6. Ellen Bryon, "Gillette's Latest Innovation in Razors: The 11-Cent Blade," *Wall Street Journal*, October 1, 2010, http://online.wsj.com/article/SB10001424052748704789404575524273890970954.html.
7. P&G eStore, Gillette page, accessed July 16, 2012, www.pgestore.com/Gillette/gillette-mega,default,sc.html.
8. フィリッポ・パサリーニのコメントは全て、ロジャー・L・マーティンとジェニファー・リールが2010年11月18日にシンシナティで行った取材による。
9. Michael Porter, "What Is Strategy?" *Harvard Business Review*, November–December 1996, 61–78.
10. Ibid.
11. ポーターは活動システムをビジネス・ユニット（事業部）の戦略を把握するために用いている。彼の概念によれば、最大のノードは鍵となる戦略テーマである。その社を独自にし、競争優位性を作り出す戦略の要素だ。それらの間の関係は、相互補強的で重要である。マップでその下位に位置するノードは、支援的活動であり、これは中核的テーマの役割を支援し、増強する綿密に結びついたシステムだ。ポーターの活動システムを借用するに当たり、私たちは最大のハブを戦略的テーマから中核的活動に置き換えた。戦略的テーマは、全て戦場と戦法の選択に組み込まれているからである。

第6章

1. デビッド・テイラーのコメントは全て、ロジャー・L・マーティンとジェニファー・リールが2010年11月18日にシンシナティで行った取材による。
2. メラニー・ヒーレイのコメントは全て、ジェニファー・リールが2010年11月15日に行った電話取材による。
3. 発言者匿名。ジェニファー・リールが2010年11月に行った取材による。
4. 著者ラフリーはヤン・カールゾン著『真実の瞬間』（ダイヤモンド社刊）を読み、影響を受けた。同書でスカンジナビア航空CEO（最高経営責任者）だったカールゾンは、冴えない国営航空会社を顧客第一主義に変革していった方法を述べている。「真実の瞬間」を消費者の文脈に置き換えていくことは必ずしも斬新ではないが、カールゾンはそうした瞬間を理解することが自社を変革するためにどう役だったかを活写している。

第2章

1. James Mateja, "Why Saturn Is So Important to GM," *Chicago Tribune*, January 13, 1985, 1.
2. Bill Vlasic and Nick Bunkley, "Detroit's Mr. Fix-It Takes on Saturn,"*New York Times*, September 20, 2009, BU-1.
3. Ben Klayman, "GM Focusing on Profits, Not U.S. Market Share: CEO," Reuters, January 9, 2012, www.reuters.com/article/2012/01/10/us-gm-usshare-idUSTRE8081MU20120110.
4. Vlasic and Bunkley, "Detroit's Mr. Fix-It Takes on Saturn."
5. フィリッポ・パサリーニのコメントは全て、ロジャー・L・マーティンとジェニファー・リールが2010年11月18日に行った取材による。

第3章

1. チャーリー・ピアースのコメントは全て、ロジャー・L・マーティンとジェニファー・リールが2010年11月18日に行った取材による。
2. ボブ・マクドナルドが2009年11月11日にグローバル・ビジネス・リーダーシップ会議年末会議で行った講演より。P&Gグローバル従業員ウェブキャストより収録。
3. "Tesco Loses More Market Share," *Guardian* (Manchester), April 24, 2012, www.guardian.co.uk/business/2012/apr/24/tesco-loses-market-share-kantar-worldpanel.
4. "Global 2000: Top Retail Companies; Wal-Mart," *Forbes*, accessed July 12, 2012, www.forbes.com/pictures/eggh45lgg/wal-mart-stores-3/#gallerycontent.
5. チップ・バージのコメントは、ジェニファー・リールが2010年11月1日に行った電話取材による。
6. Ben Steverman, "Twenty Products That Rocked the StockMarket: Hits or Misses," *Bloomberg Businessweek*, January 2010, http://imA.G.es.businessweek.com/ss/10/01/0127_20_stock_market_rocking_products/17.htm.

第4章

1. フォースフレックスとキッチン・キャッチャーは、ザ・クロロックス・カンパニーの商標として登録されている。
2. ジェフ・ウィードマンのコメントは全て、ジェニファー・リールが2012年1月5日にシンシナティで行った取材による。
3. ラリー・ペイロスのコメントは全て、ジェニファー・リールが2012年3月6日に行った電話取材による。
4. ジョアン・ルイスのコメントは全て、ジェニファー・リールが2012年1月19日に行った電話取材による。
5. デブ・ヘンレッタのコメントは全て、ジェニファー・リールが2010年11月2日に行った電話取材による。

◉注釈

序論

1. Michael Porter, *Competitive Strategy: Techniques for Analyzing Industries and Competitors* (New York: Simon & Schuster, 1980).
2. 2007年、著者ロジャー・L・マーティンはインテグレーティブ・シンキングについての本を書いた（Roger Martin, *The Opposable Mind: How Successful Leaders Win Through Integrative Thinking* [Boston: Harvard Business School Press].訳書は『インテグレーティブ・シンキング』[日本経済新聞出版社]）。この本で私は、有能なリーダーが難しい選択を迫られ、選択肢のいずれもが取り立てて魅力的ではない場合、彼らは無理にそれらの選択肢から一つを選ぶのではなく、それらの要素を併せ持ちながらもいずれよりさらに優れたモデルを構築するものだ、と述べた。また私は、本書でもそうしているように、戦略とは選択であるとも論じている。そのため、一部の読者からは主張が首尾一貫していないとの批判をもらった。すなわち優れたリーダーは選択をしない（『インテグレーティブ・シンキング』流）と書く一方で、選択をする（本書流）と述べているというのだ。ここで、別の見方を促したい。私が『インテグレーティブ・シンキング』で取り上げたインテグレーティブ・シンカーたち全て――レッドハットのボブ・ヤングからフォーシーズンズ・ホテルズ・アンド・リゾーツのイザドラ・シャープ、ワン・ワールド・ヘルスのヴィクトリア・ハール、そしてA・G・ラフリーに至るまで――は、重要な選択をしている。実際、彼らは一人残らず、戦場と戦法について明確かつ決然と選択をしている。彼らと競争相手との違いは、選択をしているかどうかではなく、選択の基準である。インテグレーティブ・シンカーらは、戦場と戦法に高い基準を課しているのだ。彼らは既存の選択肢やビジネスモデルをその基準に照らし合わせ、あげく勝てる可能性がある程度見込めないと断じると、できあいの方法に拘泥しないのだ。私に言わせれば、インテグレーティブ・シンキングと戦略選択は撞着するものではない。インテグレーティブ・シンカーらは、自社に本当に報いをもたらす戦略選択をしているのだ。

第1章

1. できるだけわかりやすくするために、全巻を通じて用語の統一を心がけた。だが用語の定義が必ずしも広く徹底しているとは限らないので、場合によっては意味合いを明示した。例えば「消費者」とは実際に商品を買って使うエンド・コンシューマーのことだし、「顧客」とは、P&G製品を一次購入してくれる流通業者のことだ。P&Gは顧客に商品を売り、そして彼らがそれを消費者に再販するのである。
2. マイケル・クレムスキーのコメントは全て、ジェニファー・リールが2010年11月24日に行った電話取材による。
3. 特にそうではない旨を記していない限り、全てのブランドはP&Gの商標として登録されている。
4. ジナ・ドロソスのコメントは全て、ジェニファー・リールが2010年11月1日に行った電話取材による。
5. ジョー・リストロのコメントは全て、ジェニファー・リールが2010年11月12日に行った電話取材による。
6. チップ・バージのコメントは全て、ジェニファー・リールが2010年11月1日に行った電話取材による。

A・G・ラフリー（A.G. Lafley）

プロクター・アンド・ギャンブル（P&G）の会長、社長そしてCEO（最高経営責任者）を務めた。彼の任期を通じてP&Gの売り上げは倍増、利益は4倍増、市場価値は1000億ドル以上向上。10億ドル規模のブランド――タイド、パンパース、オレイそしてジレットなど――は10から24に増加した。その後、未公開株投資会社などを経て、2013年5月にP&GのCEOに復帰。

ロジャー・L・マーティン（Roger L. Martin）

トロント大学ロットマン・スクール・オブ・マネジメントの学部長であり、戦略、デザイン、イノベーション（技術革新）、統合的思考などについてCEO（最高経営責任者）らに助言している。2011年にはシンカーズ50（経営思想家トップ50）の第6位に選ばれた。本書は8冊目の著書である。さらに、『ハーバード・ビジネス・レビュー』『フィナンシャル・タイムズ』『ワシントン・ポスト』などに定期的に寄稿している。

酒井泰介（さかい・たいすけ）

翻訳家。ミズーリ州立大学コロンビア校でジャーナリズムの修士号を取得。訳書には『中国は21世紀の覇者となるか?』『天才脳をつくる!』（以上、早川書房）、『つながりすぎた世界』（ダイヤモンド社）、『BCG流　競争戦略』『実践ソーシャル・メディア・マーケティング』『ウォールストリート』『「プライスレス」な成功法則』（以上、朝日新聞出版）などがある。

P&G式「勝つために戦う」戦略

2013年9月30日　第1刷発行

著　者　A・G・ラフリー＋ロジャー・L・マーティン
訳　者　酒井泰介
発行者　市川裕一
発行所　朝日新聞出版
〒104-8011
東京都中央区築地5-3-2
電話　03-5541-8814（編集）
　　　03-5540-7793（販売）

印刷所　大日本印刷株式会社

ISBN978-4-02-331225-8
定価はカバーに表示してあります。

落丁・乱丁の場合は弊社業務部
（電話03-5540-7800）へご連絡ください。
送料弊社負担にてお取り換えいたします。

朝日新聞出版の本

予測力
「最初の2秒」で優位に立つ!

ケビン・メイニー
ヴィヴェック・ラナディヴェ
有賀裕子＝訳

膨大なデータを分析しても
先は読めない!
ひらめきはどこから生まれるか?
ベストセラー『トレードオフ』
著者の最新作!

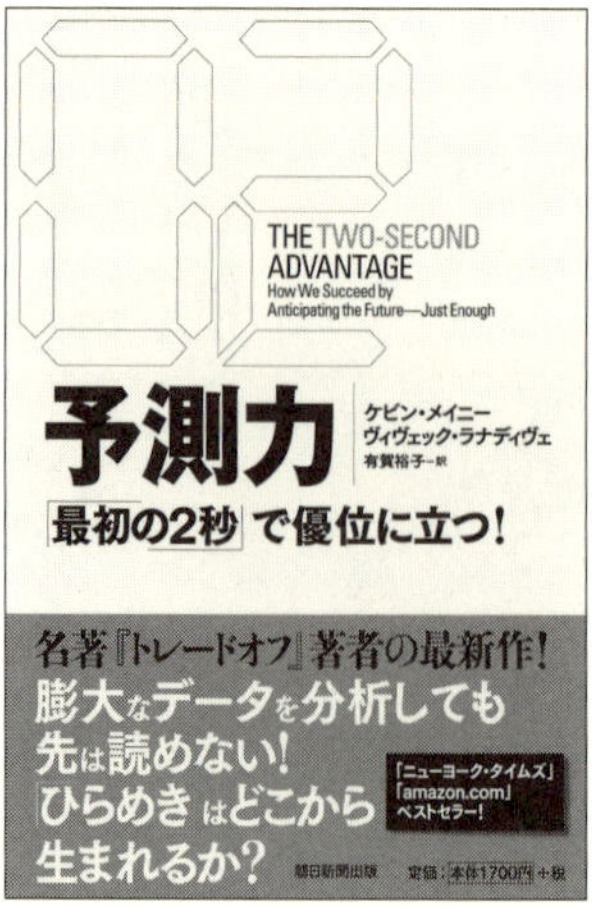

四六判・並製
定価:本体1700円+税